0~7岁儿童营养食谱一本通

孙晶丹／主编

U0208584

新疆人民出版总社
新疆人民卫生出版社

图书在版编目（CIP）数据

0～7岁儿童营养食谱一本通/孙晶丹主编. --乌鲁木齐：新疆人民卫生出版社，2015.8

ISBN 978-7-5372-6328-3

Ⅰ.①0… Ⅱ.①孙… Ⅲ.①儿童－保健－食谱

Ⅳ.①TS972.162

中国版本图书馆CIP数据核字(2015)第165399号

0～7岁儿童营养食谱一本通

0～7SUI ERTONG YINGYANG SHIPU YIBENTONG

出版发行	新疆人民出版总社 新疆人民卫生出版社
责任编辑	吴秋燕
摄影摄像	深圳市金版文化发展股份有限公司
策划编辑	深圳市金版文化发展股份有限公司
封面设计	深圳市金版文化发展股份有限公司
地　址	新疆乌鲁木齐市龙泉街196号
电　话	0991-2824446
邮　编	830004
网　址	http://www.xjpsp.com
印　刷	深圳市雅佳图印刷有限公司
经　销	全国新华书店
开　本	173毫米×243毫米　16开
印　张	13
字　数	200千字
版　次	2016年4月第1版
印　次	2018年3月第4次印刷
定　价	29.80元

序

对于第一个宝宝，父母们都希望能够给予他（她）最好的，希望宝宝健康又聪明；而在期待的同时，也有很多新晋父母对于宝宝的喂养颇感压力。很多家长都有一样的困惑和忧虑：应该何时给宝宝添加辅食比较好？什么时候应该开始断乳？断乳期的宝宝应该吃什么食物好呢？怎么判断宝宝是否吃饱呢？过敏体质的宝宝辅食添加方面应该注意什么？学龄前儿童应该特别补充什么食物呢？各种关于宝宝断乳期、喂养方面的问题都是很多父母尤为关注的。对于宝宝而言，断乳期是他初次用嘴接触除母乳或牛乳外的食物，对于宝宝生长发育所需的营养素摄入有着重要的补充作用。

但其实家长们无需过分担心，断乳并非那么困难的事。最重要的是父母平常要用心观察宝宝的生长发育情况和各种表现，根据不同月龄的宝宝用爱制作适用于当前状况的宝宝食用的断乳食物，喂食过程中的交流和接触也有助于促进亲子关系。

在本书中，按照宝宝的月龄将断乳过程分为断乳预备期、早期、中期、后期和结束期，从各个时期宝宝的生长发育特点、辅食添加的原则、喂养的方法和指南、食材的种类、烹调方法、推荐食谱的具体制作方法和功用等多方面介绍宝宝断乳期的饮食要点，新晋父母们可以对应宝贝的月龄和发育情况，解决对于断乳食物做法和断乳期喂养的疑虑。此外，本书也将满周岁后的宝宝分为三个阶段——牙齿发育期、牙齿成熟期和学龄前期，针对不同阶段宝宝的发育情况介绍了宝宝饮食习惯培养的方法、营养食谱的具体做法。同时，针对营养素缺乏症的宝宝或有些父母希望制作一些功能性的调养食谱，本书也有相关的详细介绍，如补锌食谱、补钙食谱、补铁食谱、补充各种维生素的食谱、健脑益智食谱、明目食谱、健齿食谱、开胃消食的食谱等。

对于母亲而言，断乳食物什么时候开始比较好，让宝宝吃些什么食物比较好，这都是很重要的问题。本书按照宝宝的月龄不同，给予相应的食材、营养食谱和喂养指南，但是，这只是大致的标准而已，并不是一定要照着计划表进行不可。不同的宝宝生长情况各异，因此，父母们也不必过分在意阶段步骤的关系，千万不要勉强宝宝食用他暂时还不能适应的食物，也不用过分担心。在喂养的过程，父母不光是注意宝宝的成长营养，还应该注意让宝宝感受到用餐的乐趣和培养宝宝良好的饮食习惯，也能增进亲子间的交流和关系。

CONTENTS 目录

PART 1

3~4个月断奶准备期
液体状辅食

PART 2

5~6个月断奶早期
稀糊状辅食

PART 3

7~8个月断奶中期
泥糊状辅食

PART 4

9～10个月断奶后期
半固体状辅食

PART 5

11～12个月断奶结束期
固体状辅食

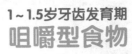

PART 6

1～1.5岁牙齿发育期
咀嚼型食物

PART 7

1.5～3岁牙齿成熟期
全面型食物

PART 8

4~7岁学龄前期
均衡型食物

PART 9

营养缺乏症的
宝宝食谱

PART ⑩

功能性
调养食谱

0~6岁 宝宝生长与营养需求速查表

成长记录	营养需求

0~1岁

成长记录

视觉方面： 能分辨一些线条明显、简单，颜色对比强烈的物体。

运动方面： 随着身体四肢骨骼的发育，行动越来越灵活。

味觉方面： 4~5个月的宝宝对食物味道的微小改变已很敏感；6个月~1岁的宝宝味觉最为敏感。

营养需求

预防缺铁性贫血： 宝宝出生6个月后，胎儿时期储存的铁基本上已经消耗完，如果不及时从食物中摄取，就容易出现贫血症状。

通过让宝宝品尝各种辅食，促进味觉、嗅觉及其口感的形成和发育。

离开母乳的宝宝需要从辅食中摄取必需的蛋白质和脂肪等营养元素。

1~1.5岁

成长记录

牙齿萌出： 1.5岁的宝宝一般已经萌出了10颗乳牙左右，咀嚼动作也越来越娴熟。

运动方面： 从跌跌撞撞的行走到独立的行走，到尝试跑步，运动能力和活动范围都大大增加。

营养需求

此时，宝宝处于牙齿萌出的重要时期，因此对于钙质、蛋白质的需求量也大大增加。维生素D摄入不足也会影响人体对钙质的吸收。

饮食习惯开始形成，不能只给宝宝吃喜欢的食物，养成偏食、挑食的习惯。

1.5~3岁

成长记录

语言方面： 语言表达能力逐渐增强，能用更丰富的语言进行交流表达，模仿能力增强。

智力发展： 3岁之前，大脑发育的速度是最快的，智力和记忆力都在快速发展。

运动方面： 自我意识的产生和增强，手脚平衡、四肢协调性的提高，宝宝运动量大大增加。

营养需求

在这一时期，从食物中摄取营养的状况直接关系到宝宝大脑的发育程度，注重大脑所需营养的补给。

活动量和活动范围的增加造成能量大量消耗，必须确保及时从食物中获得补充，否则，容易造成营养不良，阻碍宝宝生长发育进度。

3~6岁

成长记录

学龄前期是宝宝在幼儿园接受教育的时期，智力发育迅速，大脑和肢体的配合能力越来越好，身体平衡感增强，运动量大大增加，能量消耗大大增加。

语言方面： 记忆力和观察力增强，注意力集中时间变长，学习能力开始显现。

营养需求

幼儿园的学习任务刺激着宝宝的智力、记忆力、语言能力的发达，父母应适当增加健脑益智的食材和营养素。

这一时期，宝宝用眼变多，应该注意补充护眼的富含维生素A的食物。

开始集体生活的宝宝，父母应该注意适当添加可增强宝宝抵抗力的食物，提高宝宝的免疫力。

推荐食材	饮食宜忌
动物内脏（肝、肾、心）、动物血、瘦肉、蘑菇、菌类等含铁丰富。 鲈鱼、鳕鱼、草鱼、鸡肉、虾仁、鸡蛋黄、豆腐等含丰富的优质蛋白质和脂肪。 胡萝卜、南瓜、玉米、西红柿、土豆、香蕉、米汤、麦片等。	0~1岁的宝宝身体和内脏都还比较脆弱，这个时期以母乳为主，后期适当添加一些细软食辅食，但由于婴幼儿的味蕾在舌面的分布比成人更广，味觉更敏感、丰富。因此，父母不要根据自己的口味为宝宝选择和制作食物，以免伤害宝宝的健康、养成重口味的坏习惯。
奶及奶制品、豆类及豆制品、海产品（鱼、虾、虾皮、海带、紫菜）、肉禽蛋、蔬果（胡萝卜、黑芝麻、蘑菇、苹果）、干果（杏仁、胡桃、花生）。 	宝宝运动能力的提高，消耗量的增加，因此，可在两餐之间适当给宝宝吃一些健康零食和点心。挑选零食时应该遵循少糖、少脂肪、少盐的原则，最好是自制小点心，避免摄入过多添加剂，也要注意摄入量。
肉类富含蛋白质，为大脑补充能量。 鱼肉蛋白易于被人体消化吸收，也是DHA的重要来源。 蛋类所含的卵磷脂有助于改善宝宝的记忆力。 	胖宝宝成年后容易引发肥胖症、高血压、冠心病、糖尿病、关节炎等疾病，因此，父母应该从小就要控制好宝宝的体重，培养良好的饮食习惯：按时按量、三餐规律、细嚼慢咽、避免食用不健康的油脂食品，以及适当的运动。
鱼禽蛋、瘦肉、大豆及其制品、牛奶等富含蛋白质和钙质。 动物肝脏、乳类、蛋黄等富含维生素A。 核桃、芝麻、牡蛎等富含健脑的营养素——锌。 小米、鸡蛋、鱼类、玉米、花生、橘子等。	此时的宝宝自我意识较强，对食物的喜恶明显，好吃糖果等甜食，因此，父母要注意教育孩子注重口腔卫生，预防龋齿。 宝宝精力旺盛，好奇心强，但充足的睡眠对于孩子的身体及智力发育具有重要影响。故晚饭不能吃得太晚、油腻和过饱，影响夜间的睡眠质量。

需要注意的断乳食物

过敏是指皮肤表面、眼睛结膜、鼻子黏膜、支气管表面有不好的东西附着，或是食物的异种蛋白、药物进入胃或血液中，突然产生这些物质侵入体内的反应。而对某些人而言，可能会出现非常激烈的症状，这就是过敏疾病。

1 过敏反应

食物过敏最容易发生在婴幼儿身上，食物过敏后人体各系统的表现不同。

消化道： 腹痛、腹胀、恶心、呕吐、黏液状腹泻、便秘、肠道出血等。

皮肤： 荨麻疹、风疹、湿疹、红斑、瘙痒、皮肤干燥、眼皮肿胀等。

呼吸道的异常： 流鼻涕、打喷嚏、鼻塞、气喘等，严重的会休克。

神经系统： 焦虑、夜晚醒来、啼哭、肌肉及关节酸痛、过于好动等。这些征兆比较细微，不容易被察觉。

2 过敏原

引起过敏的物质称为"过敏原"，过敏原普遍存在。容易引起过敏的物质，由侵入路线区分有吸入性抗原、食饵性抗原、接触性抗原、感染性抗原四种。

吸入性抗原： 漂浮在空气中，经由口、鼻吸入的物质，如室内的灰尘、花粉。

食饵性抗原： 由口吃进的食物，主要是蛋奶肉、蔬菜和水果等。

接触性抗原： 药物、化妆品、饰品、衣物等，被虫叮咬或碰到油漆出现斑疹。

感染性抗原： 细菌或病毒。

3 防治措施

发现有过敏体质的宝宝，应该及时采取措施：

隔绝过敏原： 若宝宝出现上述的过敏症状，应该及时就医，筛选确切宝宝的过敏原后，应该尽量避免宝宝今后与之接触。即使是已致敏的宝宝，可选择适当的时机采用脱敏方法，以减轻宝宝的过敏反应。

尽早治疗： 宝宝的过敏性疾病（如过敏性皮炎、尿布疹）一旦诊断清楚，就应该尽早治疗，这样也可以收到较好的效果。

持之以恒： 过敏性疾病的特点是反复发作，因此，家长们应该做好长期作战的准备，长期坚持，不能半途而废。

对症下药： 不同的过敏原有不同的致敏表现，即使是同一种过敏原，对不同个体致敏的程度也有差异，临床表现也不同。因此，治疗过敏性疾病需要因人而异，采取不同的治疗方案，对症下药。

4 易引起宝宝过敏的食物

牛奶 宝宝对牛奶过敏，实质上是宝宝体内的免疫系统对牛奶蛋白过度反应而造成的。如果家长们怀疑宝宝对牛奶过敏，应该前往医院做婴儿牛奶过敏的专门检查。

鸡蛋 有的宝宝对整颗蛋会过敏，也有宝宝对一点点蛋就会过敏，吃了鸡蛋后会出现胃痛或出现斑疹。鸡蛋的蛋白质具有抗原性，与胃肠黏膜表面带有抗体的致敏肥大细胞作用，可引起过敏反应，使胃肠黏膜充血、水肿、胃肠痉挛，引起胃痛或腹痛、腹泻、斑疹等过敏症状。

花生 花生是重要的食物过敏原，很多过敏体质的患者如果进食了花生，会立即引起过敏症状，如血压降低、面部和喉咙肿胀、咳嗽、哮喘等，哮喘患者吃了花生后，症状就会立即加重，可引起面部水肿、口腔溃疡、皮肤风团疹，严重时可发生急性喉水肿，导致窒息，危及生命。对儿童而言，花生过敏带来的危害更大。

鱼虾蟹 对于人体而言，鱼虾蟹所含蛋白质属于异型蛋白质，对于某些体质比较敏感的人群，往往会对异型蛋白质作出过度反应，即过敏反应。或者有些人因天生缺少分解组织胺酵素，鱼虾蟹含有过量的组织胺而引起人体过敏反应。

5 易引起宝宝过敏的食物

母乳喂养的宝宝 过敏发生率都比较低，但如果发现宝宝有过敏，那就应当改变妈妈的饮食，少吃过敏原，如牛奶蛋白、贝类、花生等。哺乳期间避免食用过敏的食物，如带壳海鲜、牛奶、蛋等，并且每天服用1500毫克的钙元素，以补充牛奶的摄取。

配方奶粉喂养的宝宝 如果发现有对牛奶蛋白过敏的风险，那么用普通牛奶配方奶粉喂养的时候，就会出现过敏症状。建议这种情况下应当选用含益生元组合的深度水解蛋白配方粉进行喂养。

有家族过敏史的宝宝 （如父母、兄弟姐妹中有气喘、过敏性鼻炎或结膜炎、皮肤炎等），应适当延缓添加辅食的时间，延缓至6个月后，建议可先添加一些不易诱发过敏的食物，如蔬菜类的淮山、南瓜、胡萝卜、马铃薯、花椰菜，水果类的梨子、桃子、苹果，五谷类的米粉、小米、米糕等。

PART ①

3~4个月断奶准备期
液体状辅食

宝宝3~4个月时，妈妈可以根据宝宝的需要和情况来适当地添加辅食了。这个时候的宝宝肠胃功能还比较弱，只能消化一些液态的食物。妈妈可以为宝宝准备一些稀释的果蔬汁、米汤，还要适当地给宝宝补充含铁高的食物，如蛋黄等，以预防缺铁性贫血。

1. 断乳食物添加的必要性

断乳期是宝宝母乳喂养或牛乳喂养过渡到成人食物的重要时期，对于宝宝而言有着重要的作用和必要性。而断乳食物也就是指从母乳、牛奶开始，为接近于幼儿食物、成人食物而逐渐变硬、品种变多、摄入量增多的饮食方法。这是使婴儿慢慢习惯于固体食物的饮食方法，而不是一下子就放弃母乳或牛奶。

1 练习"吃"的动作

婴儿自出生就具备吮吸的能力，但是，"吃"的动作技能就必须通过后天的训练学习获得，随着宝宝成长发育，食物渐渐从软食改变成硬食，宝宝也会紧闭着嘴巴，将吃的东西放入嘴巴里，用舌头将食物弄碎，再送到喉咙。宝宝会将刚开始用牙龈，待长牙后用牙齿咬食物等的动作程序记下。因此，为了让宝宝更好地摄取更多的营养，训练宝宝"吃"的动作是必要的，而这一训练最重要的方式就是断乳食物的添加。

2 随着宝宝的成长，母乳或牛乳将不足以供应宝宝的营养

母乳或牛乳中有百分之九十是水分，而蛋白质、铁质、钙质以及维生素的含量，对于4～5个月后的宝宝是不足够的。此外，铁质也是几乎无法从母乳中得到的，出生时宝宝体内贮存的铁质在出生后3～4个月前即会完全消耗，因此，宝宝必须从其他食物中摄入铁质，否则容易引起贫血，伴有脸色不佳、发育缓慢的现象。

3 "咬"、"喝"动作技能也关系着语言的成长

到目前为止，对只知道喝液体的宝宝而言，要去学习咬东西其实是挺困难的。对于宝宝而言，断乳期是由母乳或鲜乳改变为成人食物的重要时期，所以家长们要好好思考：应该给予宝宝怎样的食物才能使其均衡全面摄入营养素，以及提供怎样的调理方法等。

4 接触新的味道，可以活跃脑部的功用

大约3～4个月左右，宝宝并不是只有长大，连骨骼也开始发育了，消化器官也会开始发达了。宝宝已经能够对陌生的味道感觉出差异，对喜欢的东西放入嘴里时会显得高兴，对讨厌的东西则会吐出来。这种举动就是宝宝成长的证明，不仅仅是味觉发达了，还是宝宝的自我意识开始形成了。

2. 辅食添加的时机

过去的观点认为婴儿满4个月就可以添加辅食，因为4个月的婴儿已经能够分泌一定量的淀粉酶，可以消化吸收淀粉。但世界卫生组织提倡在前六个月应该进行纯母乳喂养，六个月后再在母乳喂养的基础上添加食物，且母乳喂养最好坚持到1岁以上。因此，我们将1岁之内为宝宝添加的食物叫做辅食。

具体到每个宝宝，添加辅食的时机是没有完全的标准的，可以根据宝宝的身体状况和信号进行判断。

☑ 体重是否足够，添加辅食时体重需要达到出生时的2倍，至少达到6千克。

☑ 宝宝总是吃不饱，刚喝完母乳，不一会儿又要喂奶。

☑ 宝宝对食物、餐具表示出兴趣。

☑ 给宝宝喂稀释的果汁或汤水时，宝宝不会吐出，并表现出开心的表情。

当宝宝出现以上信号表现时，就是添加辅食的好时机。家长们应该掌握好宝宝添加辅食的时机，不宜过早或过晚添加辅食。辅食添加过早容易引起宝宝腹泻、过敏、母乳吸收不好、消化道感染等症状。而辅食添加太晚了，宝宝的营养成分摄入不均衡或摄入不足，尤其是铁质、维生素等营养素，影响宝宝正常的生长发育。

3. 辅食添加的原则与方法

1 不宜过早添加辅食

添加辅食的时间应该与宝宝的月龄相适应，此时对于宝宝而言，母乳的营养是最好的。辅食添加太早会使母乳的吸收量相对减少，宝宝可能也会因为消化功能欠成熟而出现呕吐、腹泻等现象；过晚添加辅食则会导致宝宝营养不良，甚至会拒绝食用母乳或乳类以外的食品。

2 由单纯到混合

按照宝宝的营养需求和消化能力，遵照循序渐进的原则进行添加。一种辅食应该经过5～10天的适应期，再添加另一种食物，适应后再由一种食物到多种食物混合食用。此时，可以观察宝宝的消化情况、排便是否正常，再尝试另一种食物，不要在短时间内一下增加好几种食物，也要注意宝宝是否对某一种食物过敏。

3 由稀到稠

宝宝在开始添加辅食时，还没有长出牙齿，因此给宝宝添加辅食时，应该先从流质开始添加到半流质再到固体，如开始添加米粉时可以冲调稀一些，使之容易吞咽。

4 从少量到多量

每次给宝宝添加新的食物时，一天只能喂一次，最好是在两次喂奶之间，而且量不要大，开始的时候可以用温开水稀释，第一天每次一汤匙，第二天每次2汤匙……直至第10天，即10汤匙。观察宝宝的接受程度、大便正常与否等，适应以后再逐渐增加食用量。

5 吃流质或泥状食物不宜过长

不适宜长时间给宝宝吃流质或泥状的食物，这样很容易使宝宝错过发展咀嚼能力的关键时期，可能会导致宝宝在咀嚼食物方面产生障碍。

6 遇到不适要立刻停止添加

宝宝吃了新的食物后，应该要密切留意宝宝的消化情况。如果出现腹泻或排便不正常的时候，应该立即暂停该食物的添加，并确定宝宝是否对该食物过敏。

7 质地由细到粗

食物的质地开始时可以先制作成汁或泥，口感要嫩滑，锻炼宝宝的吞咽能力，为以后过渡到固体食物打下基础。当宝宝的乳牙长出来后，可以选择适当粗一点、硬一点的食物，这样有利于促进宝宝牙齿的生长，锻炼宝宝的咀嚼能力。

8 不能强迫进食

给宝宝喂辅食时，如果宝宝不愿意再吃某种食物时，可以改变方式，比如，在宝宝口渴的时候给予新的饮料，饿的时候给予新的食物等，但不能强迫宝宝进食，应该创造一个快乐和谐的进食环境。

9 单独制作，保证卫生

宝宝的辅食应该要单独制作，少用盐或不用盐，添加的食物要注意食品安全和卫生，喂给宝宝的食物最好是现吃现做，不要喂隔夜或剩下的食物。在给宝宝制作辅食时要注意双手、器具的卫生。蔬菜、水果要彻底清洗干净，以避免有残存的农药。尤其是制作果汁时，如果要采用有果皮的水果，如香蕉、橙子、苹果、梨等，要先将果皮清洗干净，避免果皮上的不洁物污染果肉。此外，给宝宝吃的水果、蔬菜要天然新鲜。做的时候一定要煮熟，避免发生感染，密切注意是否会引起宝宝过敏反应。

10 不可以很快让辅食替代乳类

断奶的具体月龄无硬性规定，但必须要有一个过渡阶段，在此期间应该逐渐减少哺乳次数，增加辅食，否则容易引起宝宝不适，并导致摄入量锐减，消化不良，甚至营养不良。6个月以内，宝宝的食物来源应该是以母乳或配方奶粉为主，其他食物作为一种补充食品，不应该让辅食替代乳类。从4～6个月开始，宝宝因大量营养需求而必须添加辅食，但是此时宝宝的消化系统尚未发育完全，如果辅食添加不当，就很容易造成消化系统紊乱，因此在辅食添加方面需要掌握一定的原则和方法。并由于宝宝在此阶段的摄入量差别较大，因此要根据宝宝的自身特点掌握喂食量，辅食添加也应该如此。添加辅食要循序渐进，由少到多、由稀到稠、由软到硬、由一种到多种，并且每次只能添加一种食物，观察宝宝没有异样后再尝试新食物，切忌很快就让辅食完全替代乳类，这样只会适得其反，造成宝宝营养不足。

11 鱼肝油的添加

母乳中所含的维生素D较少，不能满足婴儿的发育及需求。维生素D主要是依靠晒太阳获得的。食物中也含有少量的维生素D，特别是浓缩的鱼肝油中含量较多。如果孕妇在孕晚期没有补充足够的维生素D及钙质，婴儿非常容易发生先天性佝偻病，因此在出生后2周就要开始给婴儿添加鱼肝油。添加时应从少量开始，观察大便性状，有无腹泻发生。也可征求医生的相关建议进行添加补充。

辅食分两大类：一类是在平常成人饮食中，经过加工制做而成的婴儿辅食，比如用榨汁机搅拌、用汤勺挤压等家庭简单制作的辅食类，如鸡蛋、豆腐、薯类、鱼肉、猪肉等都是上好的选料；另一类则可选择现成的辅食，如婴幼儿营养米粉。千万不要在婴儿烦躁不安时尝试添加断奶食物。通常，婴儿的情绪在哺乳后比较好，这个时候是添加食物的好时机。另外，也可以在婴儿两次吃奶间喂断奶食物。

4. 3~4个月宝宝的成长变化

喂奶的时间渐渐稳定

1 喂奶的间隔从开始的每隔2~4小时，变为每隔3~4小时。另外，半夜喂乳的次数减少，在日光浴后可以给宝宝饮用低温开水或稀释的果汁。

对声音及光线有反应，视线也会跟随母亲

2 手足动作变得比较灵活，在为宝宝换尿片的时候会踢脚，家长可以让宝宝自由地运动脚部。渐渐的，宝宝的脸部会朝着发出声音的方向转动，对有声音的玩具也会感到兴奋。约4个月左右，已经可以认出母亲，视线也会追着母亲或者会因为看不到母亲而哭泣，也会撒娇地哭。

逐渐开始接受日光浴

3 到了约3个月，宝宝的脖子能够撑直，体格也变得结实了。这时，可以带宝宝接触外面的空气，进行日光浴，宝宝能够接触到很多新鲜的食物，对他而言是很好的刺激。根据宝宝的身体状况，可以让宝宝趴着睡或进行手脚弯曲和拉直的体操训练等。

接受幼儿健康诊断

4 宝宝超过1个月后就一定要接受健康诊断，此时，如果有任何关于宝宝的问题或者担心，都可以向医生提出，接受指导。同时，家长也要注意观察孩子平时的状况，以及接种疫苗的时间和种类等，在制定的日期内做好接种措施。

抓一抓，碰一碰

5 此时的宝宝会自主地屈曲和伸直腿，在父母的帮助下，宝宝会从半躺的姿势转为趴的姿势。宝宝还能将自己的衣服、小被子抓住不放，会摇动并注视手中的拨浪鼓，手脚协调动作开始出现。宝宝对小床周围的物品都要抓一抓、碰一碰。

开始注意镜中的自己

6 抱着宝宝坐在镜子对面，让宝宝面向镜子，轻敲玻璃，吸引宝宝注意镜中自己的影像，宝宝能明确地注视自己的身影，对着镜中的自己微笑并与他"说话"。

5. 断奶预备期的辅食添加原则

宝宝从呱呱坠地到长大成人，这中间需要经历各个不同的成长阶段，在不同的时期内，对营养素的需求和摄入量是有不同要求的。因此，妈妈们应该多了解不同的食物中含有的营养素，再根据宝宝各阶段的成长特点，为他们搭配合理又营养的饮食，使宝宝更好、更快地成长。宝宝成长常见的所需营养素有碳水化合物、蛋白质、脂肪、维生素C、维生素B_{12}、钙、铁、锌、钾、膳食纤维等。

- ☑ **碳水化合物**：谷类、水果、蔬菜
- ☑ **蛋白质**：肉禽蛋、水产（鱼、虾、蟹）、奶类及其制品、豆类及其制品、坚果类
- ☑ **脂肪**：坚果类、动物性食品、油脂食品、面食、糕点
- ☑ **维生素C**：新鲜水果（柑橘、猕猴桃）和蔬菜（西红柿、青椒）
- ☑ **维生素B_{12}**：动物内脏、奶类及其制品、海产品
- ☑ **钙**：奶及其制品、豆类及其制品、海产品、肉禽蛋、蔬果（芹菜、胡萝卜、黑芝麻、苹果）
- ☑ **铁**：肉禽蛋、动物内脏、蔬果（菠菜、芹菜、红枣）、核桃
- ☑ **锌**：一般蔬菜、水果、粮食均含有锌（牡蛎、西兰花、花生、小米、海带、核桃）
- ☑ **钾**：豆类、蔬果（菠菜、山药、紫菜、猕猴桃、香蕉）
- ☑ **膳食纤维**：杂粮（糙米、玉米、小米）、水果、根菜类和海藻类

NO.1
断奶预备期的辅食要呈液体状，易咽、易消化，不要加入任何的调味剂，如盐、味精、鸡精、酱油等，可以是果汁、汤水等。

NO.2
自制辅食时一定要十分注意个人卫生和食材的清洁，宝宝使用的餐具、厨房的用具也要进行消毒灭菌。

NO.3
避免口对口的喂食或者大人和宝宝共用同一餐具。

NO.4
初次给宝宝喂辅食时，最好选择在上午，日光浴后或者宝宝口渴、心情较好的时候，这个时候宝宝的食欲比较好。同时，喝完果汁后，可以有时间仔细观察宝宝的状况和粪便的变化，从而判断宝宝对此辅食的适应情况。

NO.5
市面上售卖的汤料不可以喂给宝宝饮用。

NO.6
不管是制作果汁还是蔬菜汤，都要选择新鲜的食材，最好是当下季节盛产的蔬果。

6. 断奶预备期的喂养指南

1 稀释

开始时，不宜直接将未过滤的果汁或较浓稠的果汁、汤水喂给宝宝，最好是用低温开水稀释2～3倍后再喂给宝宝，酸碱度也要适中。但暂时还不能添加蜂蜜进行调味，可以加入少许白糖。

2 温度

太热或太冷的东西，宝宝都不能很好地适应，也会容易引起宝宝的不适或焦虑，因此，初次喂辅食时，应该将食物的温度控制和母乳温度相近。

3 用具

作为婴儿的专用品，应该选择耐煮沸及消毒的，外形简洁、不会产生有害物质的产品。选择大小合适、质地较软的勺子进行喂食。柠檬榨汁器、纱布、过滤网、方便用于做汤或羹的小锅、小型切菜板、磨泥器、削皮器、搅棒、茶漏等都是很方便且常用的自制辅食的工具。

4 添加量

3～4个月，每天加一次辅食即可，在保持正常的母乳喂养量的基础上，一般在宝宝日光浴或两次母乳之间进行添加。刚开始时用一汤匙果汁，再慢慢增加，当宝宝习惯果汁的味道后，再让宝宝尝试汤水的味道，但是要注意，此时的家长不能试图只用果汁或汤水填饱宝宝的肚子，此时的宝宝还是以母乳或牛乳为主要的食物来源。

5 食用量

开始阶段，用汤匙进行喂养，可以在小匙前面舀上一点食物，轻轻平伸小匙，放在宝宝的舌尖部位上，注意避免小匙进入口腔过深或用汤匙压宝宝的舌头，观察宝宝的表情，并尝试告诉宝宝食物好吃、宝宝表现很棒等，给予宝宝鼓励。隔天2匙，再隔天3匙左右，每天增加一点，让宝宝慢慢适应新食物的味道和口感。

6 观察宝宝排便

宝宝食用辅食后，粪便带有相应的颜色或者变硬变软等情况，如果宝宝状态很好，则无需过分担心。

7 蔬果多样

如果宝宝不喜欢吃，可以改变蔬果的种类和调制的味道，但不要强制喂食，以免引起宝宝的过度反感。

7. 液体状辅食的烹调方法

1 过滤

制作过滤汤或羹汤，有蒸软、煮软后压榨成浆状，或用过滤网去除纤维等方法。量少的话，使用过滤器较有效率。如果食材纤维量比较多，可以采取两次过滤。

2 捣碎

苹果、胡萝卜、萝卜等捣碎后，较容易煮熟，如果和成人使用的捣碎器皿共用，在细缝间容易残留有姜蒜，因此，宝宝最好独立使用一个捣碎器皿。

3 研磨

要把煮熟的东西弄成浆状的话，用研磨的方法比较容易，初期时，因为量少，所以将食物放入碗中，用小的研磨棒研磨即可。质地比较坚硬的食物，可以先蒸熟变软后，再进行研磨，这样子更省力省时。

4 炖、煮

对于量少的东西进行加热时，利用如面包大小的小锅比较方便，如果使用普通的锅子，由于煮的汤汁比较少，容易焦、黏锅，不是很方便。不要使用铜质、铝质的炊具来烹煮，最好是使用容易清洗的搪瓷制锅。

8. 断奶预备期的注意事项

❶ 给宝宝喂养果汁和汤水时，不要使用带有橡皮奶头的奶瓶，应该使用小汤匙或小杯，以免造成乳头错觉，逐渐让宝宝适应用小勺喂养的习惯。

❷ 宝宝喂食不要过量，否则容易造成肥胖，也会影响生长发育。当宝宝开始把头转向其他地方而不看着食物，或不愿意张嘴再吃一口，表示宝宝可能已经吃饱了。但也要注意给宝宝足够的时间进行吞咽。

❸ 食物过敏是食物中的某些物质（通常是蛋白质或多糖）进入体内后被免疫系统当成入侵的病原，引发免疫反应。因此，对于有过敏家庭史的宝宝要注意不要添加容易引发过敏的食材，如蛋、鱼、虾、豆类等熬制的汤水均不宜喂养。

❹ 白天可以多带宝宝到室外活动，阳光照射可以增强宝宝的抵抗力和免疫力，也可以分散宝宝的注意力，缓解宝宝断奶的不适应感。

DIY 宝宝液体状辅食食谱

难易度：★☆☆　　烹饪方法：榨汁　　烹调器具：榨汁机

苹果汁

原料：苹果1个

制作方法：

1.将苹果洗净削去果皮，去除果核，将果肉切成丁。

2.取榨汁机，倒入苹果丁和少许温开水，盖好盖子后，选择"搅拌"功能，榨取苹果汁。

3.断电后倒出苹果汁，即可饮用。

营养分析

苹果富含锌，能促进宝宝的生长发育，有利于智力发育，其富含的维生素C也可以提高宝宝的免疫力。

难易度：★☆☆　　烹饪方法：榨汁　　烹调器具：榨汁机

橘子汁

原料：橘子2个

制作方法：

1.将橘子剥皮，掰成瓣。

2.取榨汁机，倒入橘子瓣和少许温开水，盖好盖子后，选择"搅拌"功能，榨取橘子汁。

3.断电后倒出橘子汁，装在杯子中即可饮用。

营养分析

橘子富含维生素C，可促进铁等矿物质的吸收，预防贫血；橘子味道甘酸，具有健胃消食的功效。

难易度：★☆☆　　烹饪方法：榨汁　　烹调器具：榨汁机

胡萝卜汁

原料：胡萝卜1根

制作方法：

1.将胡萝卜洗干净去皮后，切成丁。

2.取榨汁机，倒入胡萝卜丁和少许温开水，盖好盖子，选择"搅拌"功能，榨取胡萝卜汁。

3.将胡萝卜汁倒入滤网内进行过滤，滤液装杯即可饮用。

营养分析

胡萝卜汁含有提高耐力的抗氧化物质，富含β胡萝卜素，可以保护视力，提高宝宝免疫力。

难易度：★☆☆　　烹饪方法：榨汁　　烹调器具：榨汁机

西红柿汁

原料：西红柿1个

制作方法：

1.将西红柿洗净，对半切开，去蒂后切厚片，再切成丁块。

2.取榨汁机，选择"搅拌刀座组合"，倒入西红柿块，倒入少许温开水，盖好盖子，选择"搅拌"功能，榨取西红柿汁。

3.断电后倒出汁水，即可喂食。

营养分析

西红柿富含铁、维生素C，可以预防宝宝缺铁性贫血，还有清热生津、养血凉血的功效，对发热烦渴有一定的疗效。

难易度：★☆☆　　烹饪方法：榨汁　　烹调器具：榨汁机

黄瓜汁

原料：黄瓜1根

制作方法：

1.将黄瓜洗干净，切成细条形，再切成小丁块。

2.取榨汁机，选择"搅拌刀座组合"，倒入黄瓜丁，倒入少许温开水，盖好盖子，选择"搅拌"功能，榨取黄瓜汁。

3.断电后倒出黄瓜汁，即可饮用。

营养分析

黄瓜中含有丰富的纤维素，可以促进肠道蠕动，改善宝宝新陈代谢；黄瓜含有的B族维生素能帮助宝宝防治口角炎。

难易度：★☆☆　　烹饪方法：煮　　烹调器具：过滤器

清淡米汤

原料：大米50克

制作方法：

1.将大米洗净、浸泡。

2.往砂锅中倒入适量的清水，烧开后，倒入大米，搅拌均匀，加盖烧开后，再用小火煮20分钟，至米粒熟透后揭盖，用勺子搅拌均匀。

3.将煮好的粥舀到过滤网内过滤，待汤水冷却即可饮用。

营养分析

米汤富含的B族维生素，可维持宝宝的食欲，促进宝宝的发育，对于胃肠道功能低下的宝宝来说是比较理想的辅食。

难易度：★☆☆
烹饪方法：榨汁
烹调器具：榨汁机

苹果西红柿汁

原料： 苹果1个，西红柿1个
调料： 白砂糖5克

制作方法

1. 将苹果洗干净去皮、去核后，切成小块。
2. 西红柿洗净，去皮，切成小块状。
3. 取榨汁机，放入切好的苹果块、西红柿块。
4. 倒入适量清水，加入白砂糖，加盖。
5. 选取"榨汁"功能，榨取果汁。
6. 断电后揭开盖子，将榨好的果汁装入奶瓶中即可喂食。

营养分析

苹果和西红柿都含有丰富的维生素和矿物质，能补充母乳中的不足，可预防坏血病，维持宝宝的正常视力，促进生长发育。

难易度：★☆☆
烹饪方法：榨汁
烹调器具：榨汁机

胡萝卜山楂汁

原料： 山楂3个，胡萝卜100克

制作方法

1. 将胡萝卜洗干净，切成小丁块状，将山楂切开，去除果核，备用。
2. 取榨汁机，选择"搅拌刀座组合"，倒入胡萝卜、山楂，倒入少许温开水，盖好盖子，选择"搅拌"功能，榨出汁水，断电后，倒出汁水待用。
3. 砂锅置于火上，倒入汁水，用中火煮2分钟，至其沸腾，搅拌均匀。关火后盛出，用滤网过滤后即可喂食。

营养分析

胡萝卜和山楂都富含维生素A、维生素C，可以维持不变的正常视力，提高宝宝的免疫力，山楂又可促进消化、增加食欲。

难易度：★☆☆
烹饪方法：榨汁
烹调器具：榨汁机

玉米汁

原料：玉米粒适量
调料：白砂糖少许

制作方法

1.将玉米粒洗干净后备用，玉米粒最好是从购买的新鲜玉米上剥下的。

2.取榨汁机，选择"搅拌刀座组合"，倒入玉米粒，注入少许温开水，盖好盖子，选择"搅拌"功能，榨取玉米汁。

3.断电后揭开盖子，加入少许白砂糖，盖好盖子，再次选择"搅拌"功能，搅拌至糖分融化。

4.断电后将玉米汁倒入锅中，烧开后，用中小火煮3分钟，倒入小碗中即可饮用。

营养分析

玉米富含的镁，能够促进钙的吸收，对骨骼和牙齿的生长有着重要的作用，还有增强记忆的功效。

难易度：★☆☆
烹饪方法：煮
烹调器具：小汤锅

西红柿米汤

原料：西红柿90克，大米50克
调料：白砂糖4克

制作方法

1.锅中倒入适量清水烧开，放入西红柿，烫煮后捞出去皮，切成小丁块，放入榨汁机榨汁。

2.汤锅中倒入适量的清水烧开，倒入洗干净的大米拌匀，煮约20分钟倒出米汤。

3.另起汤锅烧热，倒入米汤，放入西红柿汁，煮至沸腾，倒入白砂糖拌匀。

4.关火，盛出煮好的米汤即可喂食。

营养分析

西红柿米汤富含多种维生素和矿物质，对宝宝皮肤和视力的发育都具有重要的作用，还可预防贫血，提高免疫力。

难易度：★★☆　　烹饪方法：煮　　烹调器具：小汤锅

蔬菜米汤

原料：土豆100克，胡萝卜60克，大米90克

制作方法：

1.将土豆去皮洗干净后，切成粒，将胡萝卜洗好，也切成粒。

2.汤锅中倒入适量清水烧开，倒入水洗浸泡过的大米、土豆粒、胡萝卜粒拌匀，用小火煮至熟透。

3.把锅中材料盛在滤网中，滤出米汤放在碗中，待凉后饮用即可。

营养分析

蔬菜米汤富含矿物质和维生素，可以增强宝宝体质，益气健脾，改善消化不良，维持皮肤和视力的正常功能。

难易度：★☆☆　　烹饪方法：煮　　烹调器具：小汤锅

三色米汤

原料：粳米、红米、糙米各50克

制作方法：

1.粳米、红米、糙米洗净泡发备用。

2.锅中倒入适量清水烧开，放入粳米、红米、糙米，搅拌使米粒散开，用大火煮沸后，再转用小火煮约30分钟至米粒熟透。

3.关火后取下盖子，搅拌几下，盛出煮好的米汤，放在碗中即可。

营养分析

糙米含有丰富的无机盐、B族维生素、膳食纤维，具有很高的营养功效，是预防脚气病、消除口腔炎症的重要食疗。

难易度：★☆☆　　烹饪方法：榨汁　　烹调器具：榨汁机

玉米浓汤

原料：新鲜玉米粒100克，配方牛奶150毫升

制作方法：

1.取榨汁机，倒入洗干净的玉米粒，加入少许清水，制成玉米汁，断电后倒出待用。

2.汤锅用火烧热，倒入玉米汁搅拌几下，用小火煮至沸腾，倒入配方牛奶拌匀，持续煮片刻至沸腾。

3.关火后盛出煮好的浓汤，即可。

营养分析

玉米浓汤富含蛋白质、矿物质、维生素和膳食纤维，可以调整肠道功能，增强宝宝对疾病的抵抗力，促进生长发育。

难易度：★☆☆　　烹饪方法：榨汁　　烹调器具：榨汁机

芹菜白萝卜汁

原料：芹菜45克，白萝卜200克

制作方法：

1.将芹菜洗净，切碎成末状，将白萝卜洗干净去皮后切成丁。

2.取榨汁机，倒入芹菜、白萝卜和适量温开水，盖上盖子，选择"搅拌"功能，榨取蔬菜汁。

3.断电后，倒出蔬菜汁，过滤在碗里，盛出榨好的蔬菜汁即可食用。

营养分析

芹菜白萝卜汁富含矿物质、维生素、粗纤维等，可预防便秘，对食欲不振的宝宝有益处。白萝卜略辛辣，以熟食为佳。

难易度：★☆☆　　烹饪方法：煮　　烹调器具：小汤锅

山楂水

原料：新鲜山楂5个
调料：白砂糖少许

制作方法：

1.将山楂洗干净后切开，去除果蒂、果核，切成小块状。

2.往汤锅中倒入适量清水烧开，放入山楂，烧开后用小火煮15分钟，加入少许白砂糖，搅拌均匀，煮至溶化。

3.关火后盛出煮好的山楂水，放置温凉即可饮用。

营养分析

山楂具有健胃消食的功效，还能增强免疫力；山楂也富含维生素C，可促进宝宝牙齿和骨骼的生长，防止牙龈出血。

难易度：★☆☆　　烹饪方法：榨汁　　烹调器具：榨汁机

芒果雪梨汁

原料：雪梨110克，芒果120克

制作方法：

1.雪梨洗净去皮去核后，切成小块。芒果去皮后切成小瓣。

2.取榨汁机，将芒果肉、雪梨块倒入，加适量的纯净水，盖上盖子，选择"搅拌"功能，榨取果汁。

3.倒出果汁，装入玻璃杯中，即可喂给宝宝。

营养分析

芒果雪梨汁富含维生素、矿物质和膳食纤维，能帮助宝宝健胃消食，促进器官排毒，对宝宝的视力和皮肤大有益处。

5~6个月断奶早期
稀糊状辅食

5~6个月的时候，宝宝已经开始长牙，开始能消化稀糊状的食物了。这时，宝宝吃的食物还是比较单一的，量也需要适应一段时间后再增加。妈妈可以给宝宝准备一些蔬菜、水果、蛋黄糊，并可适当增大食物的颗粒，刺激宝宝牙齿的生长，让宝宝充分咀嚼后尝到食物的美味，增加宝宝的食欲。

1. 5~6个月宝宝的成长变化

母亲眼睛看得到的范围内

1 宝宝会更换睡觉姿势、趴着睡，会用自己的腕力将身体支撑起来，睡觉时会反复地滚来滚去地移动等。有时宝宝在换睡姿时，会从婴儿床上或阶梯上滚下，所以，要将栅栏围起、门关上。为了不让宝宝发生危险，应该做好预防措施。

只要眼睛看得到的，宝宝都会感兴趣，且会用手拿着就想塞入嘴里，所以要时时检查，是否有危险的东西放置于宝宝能够得到的地方。比如吞了香烟、药、钱币或嘴里吸入塑胶等，不及时处理的话就可能会有危险状况。因此，宝宝醒着时，应置于母亲视线范围内，不要离开母亲的眼睛视线。

喜欢摆动身体

2 当生气、哭泣、高兴时，宝宝脸上表情会很丰富；当要抱他时，他会一蹬地蹬上大人的膝上且喜欢摇摆身体。宝宝会区分家人与他人，且怕生的现象也是在这个时候开始。现在，宝宝变得越来越好动，对世界充满好奇心，也是宝宝自尊心形成的非常时期，所以父母要引起足够的关注，对宝宝适时给予鼓励，从而使宝宝建立起良好的自信心。

免疫失效、易生病

3 在宝宝出生前，已从母亲那儿得到对生病的免疫了。但约6个月左右，免疫失效后，就容易患感冒等感染疾病。父母亲也要注意别感冒了，以免传染给抵抗力较弱的宝宝。家中应该备好急救箱以及了解各种应急处理的方法，以免突然状况发生时措手不及。在易查阅之处，放置事先找好的医院的电话号码也是极重要的工作。

喜欢拿在手里的玩具

4 此时宝宝手腕的骨肉及握力都有了，会喜欢拿着手里的玩具。另外，会将手里拿着的东西和另一只手交替地拿着或吸吮玩具等，自己一个人玩着。因此，凡是锐利的、小的、可以放入嘴里或颜色易脱落的玩具都应避免宝宝接触。

生活出现规律

5 睡眠、起床的时间变得固定，且醒着的时间变长了。喂乳时间也几乎固定。上午和下午各一次。宝宝也会睡午觉，心情好时，可以带宝宝到外面尽量接触不同风景和人，这样对宝宝是很好的刺激，对宝宝的语言发展和社会交往能力的发展也是一个很好的帮助。

接受6个月健康诊断

6 6个月健康诊断是以成长程度为检查重点，内容如是否能坐立、是否能改变睡姿、是否能分辨母亲的脸等等。定期的健康诊断能够帮助父母更好地了解宝宝的生长发育情况，也能更好地指导父母如何对宝宝的饮食、活动等方面做出有效的安排。

宝宝最爱红色或蓝色

7 宝宝五个月时才能辨别红色、蓝色和黄色之间的差异。因此，如果宝宝喜欢红色或蓝色，不要感到吃惊，这些颜色似乎是这个年龄段的宝宝最喜欢的颜色。这时，宝宝视力范围可以达到几米远，而且将继续扩展。宝宝的眼球能够上下左右移动，注意一些小东西，如桌子上的小点心；但他看见妈妈时，眼睛会紧跟着妈妈的身影移动。

宝宝新挑战

8 随着宝宝背部和颈部肌肉力量的逐渐增强，以及头、颈和躯干的平衡发育，宝宝开始迎接"坐起"的新挑战。首先他会学习在俯卧时抬起头并保持姿势，你可以让宝宝趴着，胳膊朝前放，然后在他前方放置一个铃铛或者醒目的玩具吸引他的注意力，诱导宝宝保持头部向上并看着你。此时的宝宝趴在床上可用双手撑起全身，扶成坐的姿势，能够独自坐一会儿，但有时两手还需要在前方支撑着。

宝宝的认知能力迅速发育

9 这个阶段，宝宝处于"发现"阶段。随着认知能力的发育，他很快便会发现一些物品，如铃铛和钥匙串，在摇动时都会发出有趣的声音。当他将一些物品扔在桌子上或丢到地板上时，可能会启动一连串的听觉反应，包括喜悦的表情、呻吟或者导致物件重现或者重新消失的其他反应。他开始故意丢弃物品，让你帮他捡起。这时你可千万不要不耐烦，因为这是他学习因果关系并通过自己的能力影响环境的重要时期。

2. 断奶早期的辅食添加原则

NO.1

宝宝的身体比大人更需要水分，除了日常从妈妈的奶水中获取水分，还需要额外补充水分。对于小宝宝而言，白开水是最好的选择，不仅能补充宝宝流失的水分，还有散热、调节水和电解质平衡等多种功效。3个月开始，为了让宝宝逐渐开始吃断乳食，可以开始让宝宝喝一些稀释过的果汁、家里鲜榨果汁。

NO.2

5～6个月的宝宝绝大部分还没有长出牙齿，而乳牙将萌出，喜欢吞咽食物，故此时的宝宝非常适合食用稀糊状食物。

NO.3

断奶早期的辅食呈稀糊状，软滑，不要加任何调味料，如盐、味精、鸡精、酱油、香油等。

NO.4

对于特别喜爱稀糊状食物的宝宝，可以先喂奶后再喂稀糊状食物。而如果开始时，宝宝不太爱吃稀糊状食物的话，妈妈可以先吃稀糊状食物后再喂奶。

NO.5

相对3～4个月的宝宝，这个时候的宝宝可以吃多些品种的食物，但应该避免将多种食物混在一起，以免宝宝发生过敏后，不易找出致敏食物。

NO.6

每添加一种新的辅食，家长们应该注意观察宝宝的大便。如果出现腹泻，说明宝宝发生了消化不良，应该暂时停止添加辅食。而如果宝宝的大便中带有未被消化的食物，则应该要将食物再做得更细小一些或减少宝宝的喂食量。

NO.7

在喂给宝宝断乳食物或教育宝宝时，不要采取一些恐吓性的语言和姿势，否则会给宝宝的心理造成阴影。宝宝对父母十分信任和依赖，如果父母对宝宝进行恐吓，即使是为了宝宝好，也会造成宝宝胆小畏缩的性格。

NO.8

6个月的宝宝已经开始长出乳牙了，因此，应该多给宝宝吃一些富含钙质和蛋白质的食物，促进牙齿的生长，如牛奶、海带、紫菜、海鱼、山楂等食物。但同时要注意，一些富含草酸的食物会影响钙质的吸收，而富含维生素的食物有助于钙质的吸收，因此补钙的同时还要注意补充维生素，如补充维生素D，经常晒太阳也有助于钙质的吸收。此外，钙质还能增强皮肤的弹性，确保眼睛晶状体的弹性发育，能够维持神经系统的正常工作，促进体内多种酶的活动，因此，钙质的补充对于宝宝尤为重要。

3. 断奶早期的喂养指南

喂食的时间与分量

母乳或配方奶一天要喂5~6次。在上午6点、10点，下午2点、6点、10点左右为宜，上午10点左右喂一次米汤。食物三匙大约为50克（大人用的碗1/6左右），晚上6点可以视情况再喂一次辅食。刚开始可以从浓稠果汁开始，到各种米糊。早期的辅食是让宝宝适应辅食的过程，宝宝饿的时候可以再喂一些母乳或配方奶。

对于食量太好的宝宝

吃完断乳食物后，宝宝不喝奶也是没关系。但也需要考虑宝宝的消化能力，5~6个月的话，食量约饭碗1碗的量是较恰当的。但父母注意不要让宝宝养成偏食习惯，妈妈可以试着改变食物种类。特别要注意的是：不一定吃的多宝宝就成长得快，也不一定就会变成肥胖儿。宝宝的食量不断地增加，但也可能某一天就不喜欢曾经喜欢的食物了，稳定性较低。

断乳食物的喂食方法

①将宝宝抱在膝上，围上围兜。
②将汤匙移到宝宝嘴巴正前方，当嘴巴张开时，趁此机会将汤匙放在宝宝舌上，再把食物黏在上腭上。
③吃完后擦擦嘴巴，让他喝母乳或牛乳。
④用湿纸巾擦拭宝宝的嘴巴和小手。
⑤轻轻拍背，让宝宝打嗝。

对于食量小的宝宝，在烹调上要花些心思

一些宝宝食用量很小，家长们往往会非常担心。但如果有喝奶且健康的话，表示宝宝的营养是足够了，只是还不太适应辅食。妈妈们可以试试这些方法：
①让宝宝吃之前，温柔地告诉他"很好吃哦""来，打开嘴巴""哇！好棒哦"等话鼓励宝宝，并给予宝宝暗示——这些食物很美味。
②试着改变食物内容，如果到目前为止，光光是米糊的话，下次可以换南瓜小米糊、苹果米糊等。
③确认烹调方法。辅食有时太硬了，不容易下咽，也可能影响宝宝的食欲。自制辅食应做软一点。

父母要有耐心，鼓励宝宝自己吃饭

此时期的宝宝吃东西的时候会想玩，所以经常会把食物弄得乱七八糟的，变成一只"小花猫"，父母要有耐心，鼓励宝宝自己吃饭，但是要注意避免宝宝噎到，发生窒息等意外事故。妈妈不要将食物嚼烂后喂给宝宝，因为宝宝抵抗力比较差，很容易传染上疾病。

4. 稀糊状辅食的烹调方法

① 不要调味

这个时期的食物烹调适宜富有原味的材料，不适宜加入调味料，就算有也是轻微的，连大人都感觉不出的程度，约占材料的0.25%以内。如果调味太重，就会造成宝宝内脏的负担，且喉咙易干而只光喝水。宝宝摄取过多盐分，体内的钠钾元素比例就会失调，造成新陈代谢的紊乱，因此应该为宝宝准备营养丰富、清淡可口的食物，让宝宝形成良好的饮食规律。

② 水分少的食物可用汤煮

鸡肉或白色肉的鱼，煮得干干的话，就不容易通过喉咙。而且，甘薯类或南瓜蒸熟后干干的感觉，宝宝也不容易下咽。因此，这一类食物可以蒸熟后进行挤碎或研磨，再加入汤水煮，还可以加入用水溶化的玉米淀粉让它变成粘稠状。

③ 要把东西弄软，焖的烹调方法是很有效的

有些食材不容易煮熟、煮透，食材的心部还是硬硬的，这时可以采取焖的烹调方法。熄火后盖上锅盖，就那样摆着5～10分钟，用余温焖煮食物就可以彻底煮熟，也会使心部变软。稀糊状食物在糊状的食物中加水稀释，大约兑1/2的水调成即可，类似于我们平时制作的土豆泥或冰淇淋，不易流动。

④ 勾芡的话，易于下咽

如果勾芡的话，宝宝食用时，食物更容易通过喉咙、更容易下咽。玉米淀粉以2倍的水量溶化后加入料理内，煮到汤汁呈粘稠状即可。但是粘度难以控制，宝宝味蕾和肠胃发育还不健全，不能和成人一样。

⑤ 稀糊状辅食的烹调方式

壳类	蔬菜	水果	鱼肉	蛋黄
把泡好的米磨碎成原米粒的1/3大小，水放入米的5～6倍分量，再一起熬成粥。	用热水汆烫后剁均匀，或捣成泥状。土豆和红薯要煮透或蒸熟，捣成泥状再喂。	香蕉应放在筛子上磨碎，像苹果这样的水果应去皮和果核后，只磨果肉来喂。	先把鱼刺剔除，煮熟后再把鱼肉磨碎来喂宝宝。	放在粥里喂宝宝吃。

5. 自制辅食的注意事项

　　自己在家做辅食的优点是能够保证原材料的新鲜。越是新鲜的食物，营养素保持得就越好。但是，自己做辅食，从买菜、清洗到加工、制作，要花费不少时间。而且孩子吃得很少，量太小不好做，一次多做些存在冰箱里，营养素也会损失一部分。因此，购买现成的婴儿食品是很多职场妈妈的选择，但是现成的婴儿食品做工较精细，宝宝长期食用会对牙齿发育不好，因此，妈妈还是需要适时给宝宝尝试一些粗一些的食物，既健康又能让宝宝练习咀嚼。但是在自制辅食时，也有一些注意事项。

❶ 清洁卫生

在制作辅食时要注意双手、器具的卫生。蔬菜水果要彻底清洗干净，以避免有残存的农药。尤其是制作果汁时，如果采用有果皮的水果，如香蕉、橙子、苹果、梨等，要先将果皮清洗干净，避免果皮上的不洁物污染果肉。

❷ 煮熟食用

给宝宝吃的水果、蔬菜要天然新鲜。做的时候一定要煮熟，避免发生感染，密切注意是否会引起宝宝过敏反应。

❸ 辅食不是越碎越好

够碎、够烂——这是多数家长在给孩子添加辅食时遵循的行为准则，因为在他们看来，只有这样才能保证孩子不被卡到，吸收更好。可事实上，宝宝的辅食不宜过分精细，要根据年龄增长而变化，以促进他们咀嚼能力的发育。

❹ 均衡营养

选用各种不同的食物，让宝宝可从不同的食品中摄取各种不同的营养素。同时食物多变，还可以避免宝宝吃腻。

　　同时，在添加辅食的过程中，应该根据宝宝的身体和意愿来添加辅食，如果宝宝不愿意吃或者吃了就吐出来，就不要勉强。而在添加辅食的过程中，如果宝宝出现腹泻、大便异常，要暂停喂食辅食。添加一种辅食时，若宝宝没有出现如呕吐、腹泻、皮肤潮红、出疹子等不良反应，才可再给予另一种新食物或是增加分量。

DIY 宝宝稀糊状辅食食谱

难易度：★☆☆
烹饪方法：榨汁
烹调器具：榨汁机

西瓜西红柿浓稠汁

原料：西瓜120克，西红柿1个

制作方法

1.取西瓜瓤去籽，把果肉切成小块。将西红柿洗净去皮，切成小瓣，待用。

2.取榨汁机，选择"搅拌刀座组合"，倒入西瓜、西红柿块，倒入少许纯净水，选择"榨汁"功能，榨取蔬菜汁。

3.断电后倒出蔬菜汁，装入碗中即可食用。

营养分析

西瓜、西红柿能为大脑提供能量，促进宝宝的生长发育，预防便秘。

难易度：★☆☆
烹饪方法：榨汁
烹调器具：榨汁机

葡萄胡萝卜浓稠汁

原料：胡萝卜50克，葡萄75克

制作方法

1.将胡萝卜洗干净去皮后，切小块；将葡萄洗干净，去皮去核后切小瓣。

2.取榨汁机，选择"搅拌刀座"组合，倒入切好的葡萄、胡萝卜，加入适量温开水，盖上盖子，选择"榨汁"功能，榨出蔬果浓稠汁。

3.断电后，将榨好的蔬果汁倒入杯中即可食用。

营养分析

葡萄、胡萝卜富含矿物质和维生素，能促进宝宝正常生长，防止呼吸道感染。

难易度：★ ☆☆
烹饪方法：煮
烹调器具：汤锅

蛋黄糊

原料：熟鸡蛋1个，米碎90克
调料：盐少许

制作方法

1.熟鸡蛋去除外壳，去除蛋黄剁成末，备用。

2.汤锅中倒入适量清水烧开，倒入米碎，用大火煮至米粒呈糊状，转小火，倒入部分蛋黄末，再加入少许盐拌匀，煮片刻至入味。

3.关火后盛出煮好的米糊，装在碗中，撒上余下的蛋黄末点缀即可。

营养分析

蛋黄中含有的营养成分有利于宝宝大脑和身体的发育，鸡蛋一定要经过高温烹制后再吃，否则易引起腹泻。

难易度：★ ☆☆
烹饪方法：煮
烹调器具：汤锅

菠菜米糊

原料：菠菜65克，鸡蛋50克，米碎90克，鸡胸肉55克
调料：盐少许

制作方法

1.将鸡蛋打入碗中，搅匀制成蛋液。

2.锅中倒入清水烧开，放入洗干净的菠菜。

3.捞出焯好的菠菜，沥干水分，剁末。

4.把洗干净的鸡肉切成小块，剁成肉末。

5.倒入清水烧开，倒入米碎煮至糊状，倒入鸡肉末、波菜末拌匀。

6.加入盐拌匀调味，倒入蛋液，略煮片刻至液面浮起蛋花即可。

营养分析

菠菜米糊有利于宝宝大脑和智力的发育，能促进骨骼和牙齿的发育，预防贫血、便秘。

难易度：★☆☆
烹饪方法：煮
烹调器具：砂锅

藕粉糊

原料：藕粉适量

制作方法

1.将藕粉倒入碗中，倒入少许清水搅拌匀，调成藕粉汁，待用。

2.砂锅中倒入适量清水烧开，倒入调好的藕粉汁，一边倒入一边搅拌，至其呈糊状，用中火略煮片刻。

3.关火后盛出煮好的藕粉糊即可。

营养分析

莲藕中含有黏液蛋白和膳食纤维，有健脾开胃、促进消化的功效，还含有多种矿物质，能补血益气、提高免疫力。

难易度：★☆☆
烹饪方法：煮
烹调器具：汤锅

西兰花糊

原料：西兰花150克，配方奶粉8克，米粉60克

制作方法

1.汤锅中倒入适量清水烧开，放入洗净的西兰花，煮至熟后捞出切碎。

2.将西兰花放入榨汁机榨汁，把榨好的汁倒入碗中，待用。

3.将西兰花汁倒入汤锅中，倒入适量米粉拌匀，放入适量奶粉，用勺子持续搅拌，用小火煮成米糊。

4.将煮好的米糊盛出，装入碗中即可。

营养分析

西兰花几乎含有宝宝所需要的各种营养物质，可以增强体质，提高宝宝的免疫力，增强肝脏的解毒能力。

南瓜小米糊

原料： 南瓜160克，小米100克，蛋黄末少许

制作方法

1.南瓜去皮洗干净，切片摆放在整盘中；小米洗干净备用。

2.蒸锅中放水烧沸，放入蒸盘，用中火蒸至南瓜变软，取出制成南瓜泥，待用。

3.汤锅中水烧开后倒入小米搅匀，煮沸后用小火煮至小米熟透，倒入南瓜泥、撒上蛋黄末拌匀，持续煮至沸腾。

4.关火后盛出煮好的小米糊，装在小碗中即可。

营养分析

南瓜小米糊含有南瓜多糖和各种维生素，可提免疫力，有益于宝宝皮肤和骨骼的生长。

玉米菠菜糊

原料： 菠菜100克，玉米粉150克
调料： 食用油少许，盐少许

制作方法

1.将玉米粉装入碗中，倒入适量清水，搅拌成糊状；菠菜洗干净，切成粒状。

2.砂锅中倒入适量清水烧开，放入适量食用油、盐，倒入切好的菠菜，煮至沸腾。一边搅拌，一边倒入备好的玉米面糊，再搅拌片刻，煮约2分30秒。

3.关火，将煮好的玉米菠菜糊盛出，装入碗中即可食用。

营养分析

玉米菠菜糊可以预防便秘、贫血，促进宝宝骨骼和神经的发育，可提高宝宝免疫力。

难易度：★ ☆ ☆
烹饪方法：蒸煮
烹调器具：蒸锅、汤锅

苹果米糊

原料： 苹果85克，红薯90克，米粉65克

制作方法

1.红薯去皮洗干净后，切成小丁块；苹果洗净去核去皮，切成小丁块。

2.蒸锅中倒入水烧开，放入装有苹果、红薯的蒸盘，用中火蒸至食材熟软，取出放凉，制成红薯泥、苹果泥。

3.汤锅中倒入适量清水烧开，倒入苹果泥、红薯泥、备好的米粉，拌煮片刻至食材混合均匀，呈米糊状。

4.关火后盛出煮好的米糊，放在小碗中即可。

营养分析

苹果米糊富含膳食纤维、维生素、矿物质，能够促进宝宝的消化吸收，预防便秘，可提高宝宝免疫力，维持正常生长。

难易度：★ ☆ ☆
烹饪方法：榨汁
烹调器具：榨汁机

草莓香蕉奶糊

原料： 草莓5枚，酸奶100毫升，香蕉1小根

制作方法

1.将香蕉切去头尾，剥去果皮，切成丁。

2.将草莓洗净去蒂，对半切开，备用。

3.取榨汁机，选择"搅拌刀座"组合，倒入切好的草莓、香蕉，加入适量酸奶。

4.盖上盖子，选择"榨汁"功能，榨取果汁。

5.榨汁机断电，揭开盖子，将榨好的奶糊装入杯中即可。

营养分析

草莓和香蕉可提高宝宝免疫力，对宝宝大脑和身体发育具有重要作用，还可预防便秘。

难易度：★★☆
烹饪方法：榨汁、煮
烹调器具：榨汁机、汤锅

蛋黄青豆糊

原料：鸡蛋1个，青豆65克
调料：盐2克，玉米淀粉适量

制作方法

1.将煮熟的鸡蛋打开，取蛋黄备用。

2.取榨汁机，把洗好的青豆倒入杯中榨取青豆汁，把榨好的汁倒入碗中。

3.将青豆汁倒入汤锅煮沸，加入盐，拌匀调味，倒入适量用水溶解的玉米淀粉勾芡，加入准备好的蛋黄，用锅勺搅拌匀煮至沸腾。

4.把煮好的蛋黄青豆糊盛出，装入碗中即可食用。

营养分析

蛋黄青豆糊富含蛋白质、卵磷脂、维生素和矿物质，有助宝宝大脑的发育，维持正常的功能，提高免疫力。

难易度：★☆☆
烹饪方法：蒸
烹调器具：蒸锅

肉蔬糊

原料：土豆150克，胡萝卜50克，瘦肉40克，洋葱20克，高汤200毫升
调料：盐少许

制作方法

1.土豆、胡萝卜去皮洗干净，切小段；瘦肉、洋葱洗好，剁成末。

2.蒸锅烧沸，放入装有土豆和胡萝卜的蒸盘，蒸熟取出，取榨汁机将食材搅拌成泥状。

3.高汤烧热后加入洋葱、肉末拌匀煮沸，加入适量盐调味，倒入蔬菜泥拌匀，转小火持续煮至沸腾后即可食用。

营养分析

土豆可提供宝宝能量，胡萝卜中的胡萝卜素与瘦肉同煮，有助于胡萝卜素的吸收，具有保护视力、提高免疫力的功效。

难易度：★☆☆
烹饪方法：榨汁、煮
烹调器具：榨汁机、汤锅

红枣枸杞米糊

原料： 米碎50克，红枣20克，枸杞10克

制作方法

1.红枣洗干净，去核，切成丁。

2.取榨汁机，放入枸杞、红枣丁、泡发的米碎，搅拌片刻，至全部成碎末，断电后取出，即成红枣米浆。

3.在汤锅中倒入红枣米浆拌匀，用小火煮片刻至米浆呈糊状。

4.关火后盛出煮好的米糊，装在碗中即可食用。

营养分析

红枣枸杞米糊具有滋补肝肾、明目、润肺止渴的功效，红枣是补养佳品，多吃能补养身体、滋润气血。

难易度：★☆☆
烹饪方法：榨汁、煮
烹调器具：榨汁机、汤锅

核桃糊

原料： 米碎70克，核桃仁30克

制作方法

1.将米碎洗干净，待用。

2.将核桃仁洗干净，沥干水分。

3.取榨汁机，倒入米碎、少许清水，制成米浆。

4.把洗好的核桃仁放入榨汁机中，倒入少许清水，制成核桃浆。

5.将汤锅加热，倒入核桃浆、米浆拌匀。

6.煮至食材熟透，待沸腾后关火。

7.盛出装入碗中，即可食用。

营养分析

核桃仁含有脂肪油、蛋白质、糖类、胡萝卜素、钙、铁、锌等成分，有温肺定喘的作用，对小儿咳嗽等症有食疗作用。

难易度：★☆☆

烹饪方法：煮

烹调器具：汤锅

鸡蛋燕麦糊

原料： 燕麦片80克，全脂奶粉35克，
鸡蛋60克

调料： 白砂糖少许

制作方法

1. 将鸡蛋过滤掉蛋黄，取蛋液备用。

2. 把奶粉加清水搅拌均匀，备用。

3. 锅中倒入适量清水烧开，放入燕麦片煮沸成糊，加入白砂糖、奶粉拌匀，倒入蛋清。

4. 关火，将煮好的食材盛入碗中即可食用。

营养分析

鸡蛋燕麦糊含有丰富的蛋白质以及多种矿物质，可以增强宝宝的抗病力，促进毛发的生长，宜于骨骼和牙齿的发育，易于吸收。

难易度：★☆☆

烹饪方法：榨汁、煮

烹调器具：榨汁机、奶锅

胡萝卜白米香糊

原料： 胡萝卜100克，大米65克

调料： 盐2克

制作方法

1. 将胡萝卜洗干净，切成丁，装入盘中备用。

2. 取榨汁机，把胡萝卜榨成汁，盛入碗中；再用榨汁机将大米磨成米碎，盛出备用。

3. 将奶锅置于火上，倒入胡萝卜汁，用大火煮沸后，倒入米碎，持续搅拌至煮成米糊，加入适量的盐，拌匀至米糊入味。

4. 起锅，将煮好的米糊盛出，装入碗中即可食用。

营养分析

胡萝卜白米香糊富含维生素和矿物质，能促进骨骼的生长，益肝明目，提高宝宝的抗病能力，帮助消化。

PART ③

7~8个月断奶中期
泥糊状辅食

宝宝长到7个月时，就已经能吃一些鱼肉、肉末、肝末等食物了，肉中丰富的蛋白质等更能提供婴儿所需的营养。妈妈的母乳开始变少，质量也逐渐下降，这时需要做好断奶的准备。由于可添加的辅食种类变多，妈妈可以把食物分开搭配，将谷物、蛋肉、果蔬以适当比例做成蔬菜面糊或颗粒羹状食物，以增加宝宝的食欲和营养。

1. 7~8个月宝宝的成长变化

坐立得很好，且马上会趴行

1 进入第7个月，体格会变得结实，背也能挺直，且学会坐立。刚开始的时候，想要改变身体方向或想要伸手拿东西时，因平衡不好，常常会摔倒，但一到8个月，就变得能坐立得很好。因手腕和脚的力量变大了，所以趴着的话，会将头抬高，用双腕把上身撑动。一开始会朝后退，慢慢地会朝前面前进。

喜欢敲打会出声的玩具

2 当宝宝可以坐立得很好后，就能用双手自由地玩耍。双手拿玩具互相敲打或拉动，都是宝宝游戏的一种。如果让他拿报纸或杂志时，宝宝会因把它们撕得碎碎的，而高兴地咯咯笑。学会坐立之后，可以和母亲面对面玩耍，且会投球和接球。

会懂得"不行"或"饭饭"之意

3 此时的宝宝非常喜欢把东西弄坏或弄倒的恶作剧。另外，有了自己的主张，若有自己不喜欢的事物，就会表现愤怒或哭泣。而且好像懂得母亲的话，叫他时，他会"唔、唔"地回答你，或告诉他"饭饭"的话，他会懂得是吃饭时间而露出高兴的脸，有时会流出口水来。若你很严肃地告诉他"不行"的话，他会吓一跳，并收回他的手。宝宝对于语言意思的表达也非常清楚，有想要的东西的话，会"唔、唔"地出声并伸出手，用手指指着想要等的表现。对东西的兴趣会渐渐地增加，所以要告诉他"是汪！汪！哦"（意指小狗）、"是车子哦"等之类的话。

开始长牙

4 早熟点的宝宝，约第6个月就开始长牙了。从下排开始两颗，当父母亲看到在宝宝粉红的牙龈上，长了洁白的小牙时，都是非常兴奋的。这就是宝宝成长的证明。在长牙的转变时，也请注意不要造成蛀牙现象。初期时，在喂奶或断乳食物吃完后，可让宝宝喝低温开水或茶，或用湿的棉布擦拭牙齿。若牙长齐的话，再使用婴儿专用牙刷。

有意识地模仿

5 此时的宝宝对周围的一切都充满好奇，但注意力难以持续，很容易从一个活动转入另一个活动。宝宝能够认识一些图片上的物品，从一大堆图片中找出他熟悉的几张。宝宝也开始有意识地模仿一些动作，如喝水、拿勺子在水中搅等。有的宝宝可能已经知道大人在讨论自己，懂得害羞。如果大人和宝宝一起做游戏，如大人将自己的脸藏在纸后面，然后露出来让宝宝看见，宝宝会很高兴，并且会主动参与游戏，在大人上次露面的地方等待着大人再次露面。

分离焦虑症

6 之前的一段时期，宝宝是坦率、可爱的，而且和你相处得非常好，但是到了这个阶段，他也许会变得紧张执着，而且在不熟悉的环境和人面前容易害怕。宝宝行为之所以发生巨大变化，是因为他学会了区分陌生人与熟悉的环境。宝宝对妈妈更加依恋，这是分离焦虑的表现。当妈妈走出他的视野时，他知道妈妈就在某个地方，但没有与他在一起，这样会导致他更加紧张。情感分离焦虑通常在10~18个月期间达到高峰，在1岁半以后慢慢消失。不要抱怨宝宝具有占有欲，应努力给予宝宝更多的关心和好心情。因为妈妈的行动可以教会宝宝如何表达爱并得到爱，这是宝宝在未来很多年赖以生存的感情基础。

懂得用不同的方式表达自己的情绪

7 这时的宝宝会用不同的方式表示自己的情绪，如用哭、笑来表示喜欢和不喜欢。如果对宝宝十分友善地谈话，他会很高兴；如果你训斥他，他会哭。从这点来说，此时的宝宝已经开始能理解别人的感情了。而且喜欢让大人抱，当大人站在宝宝面前，伸开双手招呼宝宝时，宝宝会发出微笑，并伸手表示要抱。宝宝还能够理解简单的词义，懂得大人用语言和表情表示的表扬和批评，如大人在夸奖他时，他能表示出愉快的情绪，听到大人在责怪他时，宝宝会表示出懊恼、伤心的情绪。

语言发育处于重复连续音节阶段

8 宝宝的发音从早期的咯咯声或尖叫声，向可识别的音节转变。他会笨拙地发出"妈妈"或"拜拜"等声音。这一阶段的宝宝，明显地变得活跃了，能发的音明显地增多了。当他吃饱睡足情绪好时，常常会主动发音，发出的声音不再是简单的韵母声"a"、"e"了，而出现了声母音"pa"、"ba"等。还有一个特点是能够将声母和韵母音连续发出，出现了连续音节，如"a-ba-ba"、"da-da-da"等，所以也称这个年龄阶段的宝宝的语言发育处在重复连续音节阶段。

2. 断奶中期的辅食添加原则

NO.1

断奶中期的食物硬度以豆腐的程度为标准，这样的硬度就算不磨碎、不挤碎的话也无妨，将煮软的东西切碎后给宝宝吃。

NO.2

断奶中期的食谱应该注意食品均衡：刚开始，1天2次的喂食中，上午的1次给多些的量，下午则给上午量的一半，但是渐渐地将午后的餐量增加，1~2周内以等量增加。同时，每次菜单中，白饭等五谷类、鱼、肉、蛋、大豆等含丰富蛋白质的食品至少1次，蔬果等则用两种种类来组合较为理想。另外，第一次食用鸡肉，第二次则食用白色的鱼或蛋等，同样的食物用不同的种类来喂食较好。如此以味道的变化来避免宝宝对食物产生厌倦，并可以有效地吸取丰富的养分。

NO.3

在断奶准备期至目前的食物都没有调味料，那么，此时也继续保持食物材料的原味。如果仍要调味的话，也只需要加入一点点，因为，在这个时期，给宝宝尝试各种食物的味道，光是食物的变化，宝宝就会很满足了。

NO.4

准备一些蔬菜汤或清汤，对于还不熟练进食的宝宝如果口中的食物比较干时，要适时喂给宝宝一汤匙的汤水，便于宝宝吞咽。如果担心断乳食物太硬，那么就小口地喂食。

NO.5

耐心喂食，宝宝闭口咀嚼食物期的时间比吞食期的时间要更慢，因此，妈妈们就需要配合这个速度，慢慢地喂食。如果喂食的速度太快，宝宝就没有足够的时间练习咀嚼、咬的动作，宝宝就会对入口的食物不多咬就直接吞下，长期以来，将不利于宝宝消化吸收，也不能达到训练宝宝咀嚼能力的目标。

NO.6

善于引发宝宝自己喂食的欲望：当把汤匙靠近宝宝的嘴时，宝宝会想用手拿汤匙，或用手抓东西吃。虽然宝宝这种举动会令家长们很费时费事，但请忍耐一下吧，为了某天能够让他自己喂食自己，这是很重要的训练。宝宝想拿汤匙时，可为他再准备另一根汤匙。若是宝宝想自己喂食自己时，就给他试试，但是他会把饭菜弄翻或把碗弄得颠三倒四的，因此，要记得准备好围兜和湿棉布以擦拭宝宝嘴巴和小手。

NO.7

为使牙齿坚固可给蔬菜棒：慢慢地要开始长牙了，宝宝就可能因为会痒，所以变得非常想咬东西。他会嘴巴靠着塑胶制的小杯子，咬杯口的边缘。若仔细观察可以看到宝宝已经长出小小的白牙时，除了用餐外，可以给宝宝一些让他可以练习坚固牙齿目的的东西。蔬菜棒对宝宝咬的练习是不错的食物，但有时会不小心咬断而塞住喉咙。若给宝宝硬的芹菜或胡萝卜，母亲则必须待在宝宝的身边小心看护。不过，如果入口咀嚼后就溶化的点心，就无需担心了。

3. 断奶中期的喂养指南

1餐量约半碗

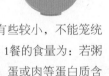

可能有些宝宝食量较大，有些较小，不能笼统概括，但是有一个标准量。1餐的食量为：若粥的话，宝宝用碗的一半量，蛋或肉等蛋白质含量高的食品为30～50克、蔬菜和水果为20～40克。大致以此为标准开始，再慢慢增加。

餐后喂乳，只要宝宝需要就尽量给

断乳食物的喂食时间并不一定要在中午过后的2点。依宝宝的食欲而定，即使是下午6点也无大碍。而在宝宝没食欲时，让他和家人一块进食也是一种有效的刺激。

若是排斥青椒、胡萝卜的话，就换其他营养类似的东西

宝宝的味觉及嗅觉要比大人更敏感。只要极少量的盐味，宝宝就觉得很好吃了。因为对味道的感觉敏锐，所以宝宝对如青椒、胡萝卜等味道较呛的食物，会有讨厌的倾向。诸如那样的东西，就避免单样菜给他，可以煮软后与煮过的马铃薯混合，或加入炒蛋等其他食物一起喂给宝宝吃。如果宝宝暂时还是非常讨厌青椒、胡萝卜的话，可以给予其他营养成分相同的食物。宝宝或多或少都会有喜欢和讨厌的东西，但慢慢成长后，情形就会改善的，因此父母不要过分担心和强迫宝宝。

只吃特定的东西

宝宝吃的比较少没关系，但希望能让宝宝摄取各式各样的食物。接触不同的味道和舌头接触不同触感的食物可以刺激大脑，对宝宝大脑发育有很好的帮助作用。但是，具体情况还是依宝宝而定。食量少的宝宝，也可能是因运动不足而造成的，因此可在白天时，试着带宝宝到户外透透气，让宝宝运动一下吧。

如果宝宝只吃两三种种类的食物的话，那么暂时完全别给他那些东西，必须试着让他尝其他的食物。宝宝如果真的饿了，对目前为止没尝过的东西也是会感兴趣。

4. 泥糊状辅食的烹调方法

💜 此时期虽然可以添加些许的调味料，但其实多种食材的丰富口感已经可以满足宝宝的味觉需求了，因此，不用过多添加调味品，也不能按照大人的食盐量、口味来制作宝宝的辅食，宝宝的饮食应清淡为佳。

💜 味道呛或涩汁较多的食物不宜给宝宝喂食。

💜 刚开始时食材要捣得很碎，渐渐地捣的颗粒大小可以大一些。

💜 像肉类、番薯类、南瓜等水分少的食物，勾芡的话，更易于宝宝吞咽。

辅食烹调方式

谷类	蔬菜	水果	肉类	豆腐
把泡好的米磨碎成原米粒的1/2大小，放入米的5~6倍分量的水，再一起熬成粥。	用热水氽烫后剁均匀，土豆和红薯要煮熟透，厚度2~3毫米，剁碎后再喂。	将水果放入研磨钵内，用研磨棒捣成泥，或是放入碗中，用汤匙压碎。	煮肉的汤可以用来熬粥，猪肉要剁碎，鸡肉应撕小块一点再喂。	氽烫后再磨碎。

5. 断奶中期的注意事项

Q 宝宝吃了很多断乳食物，母乳也喝了很多，但就是长得比较瘦小，是不是消化能力不好呢？

A 小孩子的成长方式各有不同。如果和别家的小孩比较起来，自家的宝宝较瘦，也不用过分担心。虽然现在长得比较小，也许在某段时间会突然长高长大，相反的情形也有。所以，只要宝宝是健康地在成长就不用担心了。只是要观察宝宝的状况，如果发现有脸色变差、皮肤没有弹性或者有疲倦态、小声呜呜地哭泣等情形时，宝宝则可能是生病了，应该及时看医生。

Q 宝宝将准备的食物吃完后，还想吃，食欲很好，但是，宝宝体重在标准之上了，担心宝宝以后会变成肥胖儿童，是否要控制宝宝的摄入量？

A 对于约7～8个月大的宝宝来说，有点胖的现象其实并不需要过分担心。现在好像很有食欲，吃得很多，但是，宝宝的食欲是不稳定的，有时又会突然不吃了。另外，宝宝过了1岁后，运动量会增加，所以身体会变得较结实点，自然就会变得瘦了。所以，现在就配合他的食欲吧。

只是宝宝的食谱要注意，如果光给宝宝吃甜的东西或含糖分较多的食品，将来宝宝就会比较喜欢这类食品，那么就很容易变胖。一定要给宝宝多吃些富含蛋白质的食品或蔬菜，均衡饮食营养。尤其是父母属于比较胖的类型，更要注意宝宝可能会遗传到易肥胖的体质。所以，注意宝宝食物的分配均衡和养成宝宝爱好运动的习惯是非常重要的。

Q 宝宝还没长出牙齿可以添加稍硬的辅食吗？

A 有的宝宝进入7～8个月仍还没有长出牙齿，家长们并不用过分担心，因为不同的宝宝生长发育情况不同。但这并不代表就不能添加稍硬的辅食，将食物煮硬些或切大些的目的，不是为了给宝宝用牙齿吃饭，而是为了能够使宝宝使用舌头，在上腭处将食物碾碎，再吞食。如果这些动作能够熟练的话，就可以进行下一个练习，所以此时宝宝尚未长出牙齿也没有很大的影响。若是因为没有长牙，而一直喂给宝宝一些软黏黏的食物，就会造成宝宝吃的机能无法得到锻炼，消化器官的发达程度也会受到影响。

Q 宝宝没有闭口咀嚼，直接就吞食食物应该怎么办？

A 宝宝已经8个月大了，但还是无法闭口咀嚼食物，而是直接吞食，面对这种情况，母亲示范咀嚼食物的动作给宝宝看是最好的解决方法。当给宝宝食物时，首先母亲也吃一口，同时告诉宝宝"嚼一嚼，很好吃哦"，让宝宝看着母亲咀嚼时嘴巴的动作。这样，宝宝就会在模仿中慢慢学会咀嚼食物。同时，母亲也要确认食物的柔软度，食物太软时，宝宝就会直接吞食，而太硬就会不想吃。有时，宝宝无法咀嚼，可能是因为母亲喂食的速度太快了，宝宝会感到慌张，也没有时间慢慢咀嚼，不能更好地掌握咀嚼的方法。因此，母亲喂食要慢点，给予宝宝充足的时间咀嚼，等他吞下食物后，再给下一口。

Q 由于生病，宝宝暂停辅食一段时间后，可以恢复原来的断乳食物吗？

A 宝宝生病暂停辅食后，不能直接恢复到之前的断乳食物添加的阶段，而是要给宝宝一段适应的时间。给宝宝较软的、容易消化的食物，让宝宝慢慢适应，再给宝宝稍硬的食物。稍停顿一段时间的断乳食物，母亲想把那些食物短时间内补回来是不行的，因为宝宝的消化机能由于生病可能还没充分地恢复。

DIY 宝宝泥糊状辅食食谱

难易度：★☆☆
烹饪方法：蒸、煮
烹调器具：蒸锅、汤锅

鸡肝糊

原料： 鸡肝150克，鸡汤85毫升
调料： 盐少许

制作方法

1.将鸡肝洗干净装入盘中，放入烧开的蒸锅中，用中火蒸至鸡肝熟透，取出放凉，剁成泥状。

2.把鸡汤倒入汤锅中煮沸后调成中火，倒入备好的鸡肝，用勺子一边搅拌一边煮成泥状，加入少许盐，用勺子继续搅拌均匀，至其入味。

3.关火，将煮好的鸡肝糊倒入碗中，放凉后即可。

营养分析

鸡肝富含蛋白质、矿物质和维生素，能维持机体的正常生长，其中铁尤为丰富，可以预防宝宝缺铁性贫血。

难易度：★★☆
烹饪方法：炒
烹调器具：炒锅

肉酱花菜泥

原料： 土豆120克，花菜70克，肉末40克，鸡蛋1个
调料： 盐少许，食用油适量，料酒2毫升

制作方法

1.土豆切条，花菜切碎，鸡蛋打入碗中取蛋黄。

2.用油起锅，倒入肉末，翻炒至变色，倒入料酒、蛋黄，炒熟，盛出备用。

3.蒸锅置于旺火上，土豆、花菜蒸熟，土豆压泥，加入花菜、蛋黄、肉末和盐，搅拌至入味即可。

营养分析

花菜富含类黄酮和维生素C，能增强宝宝抵抗力，可保护细胞，维持骨骼、肌肉、牙齿等的正常功能。

难易度：★★☆
烹饪方法：榨汁、研磨、煮
烹调器具：榨汁机、汤锅

山药鸡丁米糊

原料： 山药120克，鸡胸肉70克，大米65克

制作方法

1.鸡肉洗干净，切丁；山药去皮洗净，切丁，放入清水碗中备用。

2.取榨汁机，把鸡肉丁搅碎；榨取山药汁；将大米磨成米碎，备用。

3.汤锅中倒入适量清水，倒入山药汁、鸡肉泥，搅拌煮至沸腾；米碎用水调匀后倒入锅中，用勺子持续搅拌，煮成米糊。

4.把煮好的鸡肉山药米糊装入碗中，放凉后即可。

营养分析

山药鸡丁米糊富含维生素、蛋白质和矿物质，可以帮助宝宝开胃消食，利于骨骼和牙齿的生长，可提高宝宝免疫力。

难易度：★☆☆
烹饪方法：蒸
烹调器具：蒸锅

土豆青豆泥

原料： 土豆半个，青豆50克

制作方法

1.土豆洗净去皮，切成薄片，放入蒸碗中；青豆洗净备用。

2.将蒸盘放入烧开的蒸锅中，用中火蒸至土豆熟软，取出放凉；将青豆放入烧开的蒸锅中，用中火蒸至青豆熟软取出放凉。

3.取一个大碗，倒入蒸好的土豆、青豆，捣成泥状混合均匀即可。

营养分析

土豆青豆泥富含蛋白质、维生素、矿物质，可提高宝宝免疫力，其中大豆磷脂对大脑的发育具有重要作用。

难易度：★ ☆ ☆
烹饪方法：蒸
烹调器具：蒸锅

南瓜泥
原料：南瓜20克

制作方法

1.将南瓜去皮去籽，洗净后切成片，放入蒸碗中。

2.蒸锅用火烧开，放入蒸碗加盖，烧开后用中火蒸15分钟。

3.揭盖取出蒸碗，放凉待用，取一大碗，倒入蒸好的南瓜，用汤匙按压至呈泥状。

4.另取一小碗，盛入做好的南瓜泥即可食用。

营养分析

南瓜富含维生素、矿物质及各种氨基酸，其中锌对宝宝的生长发育、免疫功能、视觉以及性发育有重要作用。

难易度：★ ☆ ☆
烹饪方法：研磨
烹调器具：小勺

香蕉泥
原料：香蕉1根

制作方法

1.香蕉不要选择两头有绿色的，那是处理过的，选择个头不要太大，小而成熟度适中，香软，最好是表皮正常黄色带有芝麻点。先将香蕉洗净剥去果皮，用刀切成小段。

2.把香蕉肉放入碗中，用小勺压成泥状拌匀，如果购买的香蕉过生，就不容易压成泥状，吃起来也没有那么甜和软，不适宜给宝宝食用。

3.另取一个干净的碗，将香蕉泥倒入即可食用。

营养分析

香蕉富含维生素、矿物质以及纤维素，能促进宝宝机体的免疫力，预防便秘。

难易度： ★ ☆ ☆
烹饪方法： 蒸
烹调器具： 蒸锅

茄子泥

原料： 嫩茄子1个
调料： 盐少许

制作方法

1.茄子洗净切去头尾，去皮，再切段，改切成细条，待用。

2.取一个蒸盘，放入切好的茄子，将蒸盘放入烧开的蒸锅中。盖上锅盖，烧开后用中或蒸约15分钟至其熟软。揭开锅盖，取出蒸盘，放凉待用。

3.将茄条放在案板上，压成泥状，装入碗中，加入少许盐，拌匀入味。

4.取一个小碗，盛入拌好的茄泥即可。

营养分析

茄子富含维生素E和维生素P，可以增强宝宝抵抗力，改善血液循环，增强肌肤细胞活力等。

难易度： ★ ☆ ☆
烹饪方法： 蒸、炒
烹调器具： 蒸锅、炒锅

肉末茄泥

原料： 肉末90克，茄子120克，上海青少许
调料： 盐、油各少许

制作方法

1.茄子洗净，去皮切成条；上海青洗净，切成粒。

2.把茄子放入烧开的蒸锅中，用中火蒸至熟，取出放凉后剁成泥。

3.用油起锅，倒入肉末炒至松散、变色，放入生抽炒香后，放入上海青、茄子泥、少许盐，翻炒均匀即可。

营养分析

茄子富含维生素P，能增强毛细血管的弹性，防治坏血病。肉末含有蛋白质，可提供血红素（有机铁）和具有补肾养血的功效。

难易度：★ ☆ ☆
烹饪方法：蒸
烹调器具：蒸锅

燕麦南瓜泥

原料： 南瓜250克，燕麦55克
调料： 盐少许

制作方法

1.南瓜去皮洗净，切成片；燕麦装入碗中，加入少许清水浸泡一会。

2.蒸锅烧开，放入南瓜、燕麦，中火蒸至燕麦熟透，取出待用；再蒸5分钟至南瓜熟软，取出放入碗中，加入少许盐，用筷子搅拌均匀，加入蒸好的燕麦，快速搅拌至泥状。

3.最后将做好的燕麦南瓜泥盛入另一个碗中即可食用。

营养分析

燕麦南瓜泥富含膳食纤维，能促进宝宝消化，其中亚麻油酸、卵磷脂等能够促进大脑和骨骼的发育。

难易度：★ ☆ ☆
烹饪方法：研磨
烹调器具：小勺

水果泥

原料： 哈密瓜、西红柿、香蕉各适量

制作方法

1.哈密瓜洗净，去皮去籽，切成小块，剁成末。

2.西红柿洗净切开，切成小瓣，再剁成末备用。

3.香蕉去除果皮，把果肉压碎，剁成泥备用。

4.取一个干净的大碗，倒入西红柿、香蕉，再放入哈密瓜，搅拌片刻使其混合均匀。

5.另取一个干净的碗，将水果泥倒入即可食用。

营养分析

水果泥中富含维生素、矿物质和膳食纤维，能预防便秘，增强宝宝的抗病能力，还可提供其他营养素。

难易度：★☆☆
烹饪方法：捣碎、炒
烹调器具：捣碎器、炒锅

蔬菜豆腐泥

原料：嫩豆腐1块，胡萝卜、豌豆、熟蛋黄各少许
调料：盐少许，食用油适量

制作方法

1.将嫩豆腐捣碎，将胡萝卜洗净切碎，取熟蛋黄，压成末。

2.炒锅中倒入适量清水烧热，倒入洗净的豌豆，用中火煮至熟软。

3.捞出豌豆沥干，将其捣碎成泥，装入盘子中。

4.锅中倒入适量清水烧开，倒入食用油和所有的食材拌匀。

5.加入少许盐，搅拌片刻，撒上蛋黄末，搅匀。

6.关火后盛出煮好的食材，装入碗中即可。

营养分析

蔬菜豆腐泥含有丰富的蛋白质、维生素和矿物质，其中豆腐中丰富的大豆卵磷脂有益于神经、血管、大脑的生长发育。

难易度：★☆☆
烹饪方法：煮
烹调器具：汤锅

虾仁豆腐泥

原料：虾仁45克，豆腐180克，胡萝卜50克，高汤200毫升
调料：盐2克

制作方法

1.将胡萝卜洗净，切成粒；豆腐洗好剁碎；虾仁用牙签去线，洗净，再用刀剁成末。

2.锅中倒入适量高汤，放入切好的胡萝卜粒，烧开后用小火煮至熟透，放入豆腐、适量盐，搅匀煮沸，倒入准备好的虾肉末，拌匀煮片刻。

3.把煮好的虾仁豆腐泥装入碗中即可。

营养分析

虾仁豆腐泥富含氨基酸、矿物质等，可提高宝宝免疫力，提高记忆力和精神集中力。易过敏的宝宝要慎食。

难易度：★☆☆
烹饪方法：蒸、煮
烹调器具：蒸锅、汤锅

西兰花土豆泥

原料： 西兰花50克，土豆180克
调料： 盐少许

制作方法

1.汤锅中倒入适量清水烧开，放入洗好的西兰花，煮熟捞出后剁成末。

2.土豆去皮洗净，切块放入盘中，放入烧开的蒸锅里蒸透，取出剁成泥。

3.取一个干净的大碗，倒入土豆泥，再放入西兰花末，加入少许盐，用小勺子搅拌约1分钟至完全入味。

4.将拌好的西兰花土豆泥舀入另一个碗中即可。

营养分析

西兰花土豆泥富含矿物质、蛋白质、维生素等，可促进宝宝生长，维持牙齿及骨骼正常，保护视力，提高记忆力。

难易度：★☆☆
烹饪方法：蒸、搅拌
烹调器具：蒸锅、榨汁机

苹果胡萝卜泥

原料： 苹果90克，胡萝卜120克
调料： 白砂糖10克

制作方法

1.苹果洗净去皮，切成小块；胡萝卜洗净切成丁，分别装入盘中。

2.将苹果、胡萝卜放入烧开的蒸锅中，用中火蒸至熟取出。

3.取榨汁机，放入蒸熟的胡萝卜、苹果，再加入白砂糖，将胡萝卜、苹果搅拌成果蔬泥。

4.把苹果胡萝卜泥倒入碗中即可食用。

营养分析

苹果胡萝卜泥富含矿物质和维生素，能够维持宝宝视力，促进钙、铁等矿物质的吸收，对消化不良有疗效。

难易度：★☆☆
烹饪方法：研磨
烹调器具：小勺

猕猴桃泥

原料：猕猴桃2个

制作方法

1.将猕猴桃洗净去皮，去除头尾，对半切开，去除硬心，再切成薄片。妈妈们可以一次性购买多个猕猴桃，但注意应该要挑选结实一点的，在家中放置几天，待果实变软就不会那么酸，宝宝会更容易接受，但维生素C的含量也会下降。

2.将猕猴桃果肉放入碗中，用勺子碾压呈泥状。

3.另取一个干净的碗，将猕猴桃泥倒入即可食用。由于猕猴桃比较酸，宝宝初次食用时，应该少量喂食，逐步适应酸度。

营养分析

猕猴桃富含维生素C、矿物质和氨基酸，可促进伤口愈合和对铁的吸收，能改善宝宝食欲不振，补充大脑所需能量。

难易度：★☆☆
烹饪方法：蒸、煮
烹调器具：蒸锅、汤锅

鸡汁土豆泥

原料：土豆200克，鸡汁100毫升
调料：盐2克

制作方法

1.土豆去皮洗净，切成小块，装入大碗中，放入烧开的蒸锅，用中火蒸至熟透，取出剁成泥状待用。

2.汤锅中倒入适量清水烧开，倒入鸡汁，调成大火，放入盐拌匀，煮至沸腾，倒入土豆泥，搅拌煮至熟透。

3.起锅，盛出装入碗中即可食用。

营养分析

鸡汁土豆泥口感佳，土豆富含维生素、钾、纤维素等，鸡汁的脂肪和蛋白质含量丰富。

PART 4

9～10个月断奶后期
半固体状辅食

9～10个月的宝宝又长大了许多，牙齿也萌出好几颗，要逐渐让宝宝把辅食过渡成主食，减少对母乳的依赖。妈妈可以准备一些果蔬牛奶的粥、羹来给宝宝吃，弥补母乳中维生素、钙的缺乏，还可以准备一些面包、饼干来锻炼宝宝的咀嚼能力，帮助牙齿生长发育。

1. 9~10个月宝宝的成长变化

从趴行到靠抓外物站立

1 宝宝已经会趴行，且可从睡姿翻身爬起，坐姿也更安稳了。另外，宝宝会想靠抓桌子或衣橱，开始想站起来的现象也是在这个时期。刚开始一直无法做得好，想站起来却屁股一蹬地坐在地上，但是，当他成功时，他会向母亲露出，如同告诉母亲"看！看！我站着了"之意的笑容。这个时候宝宝的成长状况，真是令人感到惊讶。那么，就夸张一点地鼓励他："哇！你好棒哦。"到第10个月左右，早熟点的宝宝会靠抓住家具等的东西走，这会令我们担心他会跌倒或烫伤等。因此，对于危险的物品必须要收拾好，或围上栅栏等对策都是必要的。

让他一个人玩耍

2 虽然还不懂意思，但开始会说"ba-ba"、"ba bu ba bu"等的字眼。虽然我们也不了解，但此时要出声回应"是啊，ba bu ba bu"、"mama"等，这对宝宝语言发达是很重要的。另外，宝宝会开始自言自语，而且将玩具当成玩伴。此时，别打扰他，让他玩下去吧。也许在宝宝的脑海中正展开了一个想象的花花世界呢。

画册、玩具

3 在这个时候，只要眼睛看得到的东西都会变成宝宝的玩具，如会抱着坐垫、枕头，敲打锅盖，把东西塞入嘴里等。而且，记忆力也好，会把眼前的玩具收拾好或藏起来，但马上又可以把它们找出来。约11个月时，对画册也产生兴趣，有时对于他知道的东西，画在画册上的话，他会好得意地用手指着，或看到小狗的画时会说"汪！汪"。父母一边陪宝宝看图画时，要同时多和宝宝说话，或讲解图画的内容故事。

排便或尿尿的训练

4 排便的话大概一天2~3次、小便的话一天2~3小时1次。当宝宝想排便时，通常有突然站着不动、皱眉头或肚子会用力等现象。若看到这种现象时，就要试着让他坐在马桶上。有时宝宝会排得很顺畅，但也有不顺畅的时候。若是顺畅时，要给予鼓励，但反之也不可责怪他。因为这个时期的宝宝，对控制排便的能力并未发达。过分斥责或强迫，会造成他对马桶的恐惧，反而会适得其反。而要完全不使用尿片的话，约两岁大左右再开始。

2. 断奶后期的辅食添加原则

1 生鱼片不宜食用，鱼浆类制品则要选择优质的

鱼类除白色肉鱼外，也可食用鱼皮蓝绿色的鱼、螃蟹、虾等。但如鳗鱼等含脂肪较多的鱼，或如咸鲑鱼或鳕鱼卵等盐分高的食品应避免，章鱼、花枝等硬的东西也需要过一段时间再喂食。而甜不辣、鱼丸等的鱼浆类制品，要选择添加物较少的优质品。

2 香蕉是软硬度标准

这个时期可以建立咬食的力量和方法。宝宝前方的牙齿已经长出，但后方的牙齿还没长出，是利用长后齿地方的牙龈来嚼碎食物后再吞食。食物太软的话，会直接就吞食，太硬的话，则会排斥吐出或是勉强地吞下，所以这个时期的食物硬度是非常重要的。标准是以牙龈能嚼碎的硬度，约是香蕉的硬度。另外，食物颗粒大小也做得比闭口咀嚼期时的大点，初期时，为避免造成宝宝对颗粒食物的排斥，可用明胶结冻，或放入茶碗蒸内，让宝宝在具有黏稠感的感触里，感觉到颗粒状食物。

3 更加注意营养的均衡

用餐的重心改变在断乳食物时，宝宝食用的量要比牛奶的量更多。所以，要更加注意营养的均衡，大概的标准是1餐里，主食的米饭、面类、面包等约80克，含蛋白质多的食品也同量，蔬菜类约为40克。而且，不要偏重其中任何一种食物，要多摄取各种食物，是重点所在。另外，烹调方法也从煮、焖到加上炒、炸等使用油的食物，菜单变化变得更丰富了，消化能力也增强。

4 多喂给宝宝季节性水果

若宝宝已经可以熟练地咀嚼煮软的蔬菜，就可以直接给宝宝生鲜的蔬果，或切成棒棒状，妈妈们尤其要多利用季节性水果喂给宝宝。

5 培养宝宝独立吃饭的能力

这个时期的宝宝逐渐喜欢跟家人坐在餐桌前吃饭，但是要避免油炸、刺激、不易消化的食品，培养宝宝独立吃饭的能力。

3. 断奶后期的喂养指南

仔细观察宝宝的嘴

此时宝宝吃很多，但实际上整口没咬就吞下的宝宝也有。是否有那种现象，要仔细观察宝宝的嘴。

食物放进嘴的宝宝，首先会用嘴巴整体来确认东西的软硬度。遇到硬的食物时，会用舌头尖将食物挤到一边的牙龈，嘴唇也会有曲线出来。所以，下巴不光是上下且左右也都充分地运动了。

如果宝宝怎么都无法做得很好的话，母亲的示范也是个方法。宝宝会一直观察，不久后就会模仿了。

而没有咬就直接吞食的宝宝，大部分是因食物的软硬度不当。无法咀嚼得好，干脆放弃咬的方法，就直接吞了。要达到能咀嚼得好的话，母亲的努力是需要的。为了宝宝能做得好，请您也加油吧！

开始进食的基本教育

开始喂断乳食物时，也开始进食的教育吧！初期时，用餐前，先用手巾将手和嘴四周擦干净，戴上围兜，母亲先对宝宝打个招呼说"吃饭啰"之后，再喂他。像这样的事，虽然宝宝还小是不懂的，但每天的累积，他会记住那是很固定的事。

在用餐前最重要的事是让宝宝觉得吃饭是件快乐的事。因此，母亲要经常面带微笑地告诉他"很好吃哦""哇！吃了好多哦！真是一个好孩子"。

坐姿可以很固定的话，就给他坐在宝宝用椅上，戴上围兜，然后让他跟您一起喊"吃饭啰"。就算宝宝还没办法说得流畅，但只模仿母亲点头而已，那也无妨。

当宝宝可以抓着东西站立时，可让他在洗手台学习洗手。

吃饭时间约在20～30分钟以内

养成宝宝在吃饭时间里专心用餐的习惯是很必要的。如果宝宝吃饭的半途中去玩耍，或一直将食物含在口中的话，那么就告诉他，"好了，收起来了"，然后就别再给他吃。吃饭时间约20-30分钟，最多延长至40分钟左右，希望让他能在一定时间内吃完饭。

宝宝自己喂自己的话，比母亲喂食更花时间。但是，宝宝容易玩腻，所以给他一点时间暂时做自己想做的事，过一会儿您再喂他吧。宝宝要完全能自己喂食的话，约要到2岁左右。

开始让他自己动手吃饭的训练

闭口咀嚼结束期时，宝宝的好奇心会很旺盛。汤匙、餐具及食物等都是感兴趣的对象。什么都用手，抓来就往嘴里塞。您不要觉得烦，稍给他时间摸索一下。

进入用牙龈嚼食期时，宝宝需要熟悉吃饭的动作了，给宝宝试拿吃饭用的汤匙是一个好方法。还有当宝宝的手、嘴巴周围或衣服搞脏时，妈妈要有耐心，不要斥责宝宝。因为宝宝经过这些过程后，会渐渐地变成可以自己喂自己吃饭了。

宝宝挑食时的喂养

宝宝在七八个月时，便会对食物表现出暂时的喜好或厌恶情绪。妈妈不必对这一现象过于紧张，以致采取强制态度，造成宝宝的抵触情绪。宝宝对于新的食物，一般要经过舔、勉强接受、吐出、再喂、吞等过程，反复多次才能接受。父母应该耐心、少量、多次地喂食，并给予宝宝更多的鼓励和赞扬。孩子的模仿能力强，对食物的喜好容易受家庭的影响。作为父母，更应以身作则，不挑食，不暴饮暴食，不过分吃零食。同时，要给宝宝营造一个开心宽松的进食气氛，进食期间避免玩耍、看电视等不良习惯。

另外，父母应该不断地调整食物的色、香、味、形，以诱发宝宝的食欲，对食物保持良好的兴奋性，使宝宝乐于接受新食物。

不要养成边吃边玩的习惯

当宝宝会抓着东西站起来，且沿着桌子椅子边缘行走时，就会很喜欢活动来活动去的，就连吃饭时间也不会安分地坐着。只有在肚子饿时会乖乖地坐着，但肚子填饱后，他的注意力很快就又被其他事物给吸引了。

在那时，不要边骂边追着让他吃饭。当他开始玩时，就停止喂食吧。只要饿了他就会又想吃的。这个时候的对策是：母亲要全面安排吃饭体制，以稳定的状态喂宝宝进食。因为如果您因别的事而走动，或被电视等其他事物所吸引的话，宝宝也会无法稳住心情的。同时，一个安静和谐的就餐环境也有利于宝宝专心地进食，减少能够分散宝宝注意力的事物也能更有效地培养宝宝的餐桌礼仪。

4. 半固体状辅食的烹调方法

💜 从部分成人餐里取出切碎后的食物，已经可以作为此时期的宝宝餐的来源之一，但注意应该尽量在未调味之前取出，因为宝宝的食物还只是用很淡的调味即可。

💜 这时，有些宝宝会有排斥蔬菜的现象，那么可以将蔬菜煮熟切碎后喂给宝宝。注意绿黄色蔬菜和淡色蔬菜都要等量喂食，因为前者富含维生素A和钙质，后者富含维生素C。

💜 对于一些不是那么硬的水果，如成熟的猕猴桃、香蕉、葡萄、苹果等，可以小心喂给宝宝，也可以切片，让宝宝进行初步的咀嚼。

💜 此时的宝宝除了营养摄入需求外，也是锻炼宝宝咀嚼能力的重要阶段，因此，在辅食的制作中，硬度可以稍增加，食材切片或切成棒状，易于宝宝用手抓住咀嚼，借此训练咀嚼能力。

💜 用鱼、鸡或猪等动物性食物煨汤时，科学而经济的喂养方法，应该是在补充肉类食物时，让宝宝喝汤又要让其吃肉。因为鲜肉汤中的氨基酸可以刺激胃液分泌，增进食欲，帮助宝宝消化；而肉中丰富的蛋白质等能提供宝宝所需的营养。

辅食烹调方式

蔬菜

煮熟切成5～7毫米大小的丝，煮好的土豆磨成泥再食用。

谷物

泡过的白米和水的比例1：4，做成软饭或粥。

水果

苹果、梨子等水果去皮切成薄片，香蕉切成小块状。

肉类

熬成高汤、做成软饭或磨成肉酱。鸡胸肉去皮煮或蒸后，撕碎成5毫米左右。

鲜鱼

煮或烤熟后去掉鱼刺和皮，鱼肉剁成肉末。

豆腐

磨碎成5～7毫米大小。

5. 断奶后期的注意事项

Q 宝宝喜欢吃小点心，而到了正餐时就会吃的不多，应该怎么办？

A 妈妈应该固定吃点心的时间，最好是用餐前的两个小时，较咸或较甜的东西不要给宝宝吃，因为甜食的热量太多，会影响宝宝正餐的食欲，而盐分过多的食物，尤其洋芋片之类炸的点心，更加不宜给宝宝食用。同时，也要注意控制点心的量，不要过多或让宝宝吃个不停。妈妈可以给宝宝一些海苔片作为点心，脆脆的口感，宝宝会很喜欢，但分量少，所以不会影响食欲。

Q 宝宝和大人们一起吃饭时，宝宝想要大人口中咀嚼的食物时应该怎么办？

A 宝宝能够在餐桌上学习大人咀嚼、吃饭时的样子，这时，应该固定用餐时间，培养宝宝的饮食习惯。此外，因为大人的食物相对宝宝而言味道会太重或稍硬，不适宜宝宝食用，应该做得清淡些，软硬适中。如有大人想把自己口中咀嚼的东西给宝宝吃时，妈妈不要直接对大人说"这样不干净"等之类的话语，而要告诉他"请给宝宝这个"，然后递给他宝宝的食物。

Q 宝宝的餐具和奶瓶应该怎么消毒？

A 对没有抵抗力的宝宝嘴巴要直接接触的东西，餐具和奶瓶必须要注意清洗消毒。清洗消毒的要点分为：①当宝宝还小时，洗完餐具后用热水冲洗让它自然干燥。②月龄较大的宝宝，使用完后，仔细清洗再倒放，让它干燥。③抹布要常煮沸，不可使用漂白剂，可常放入沸腾的热水中煮10～20分钟左右，进行杀菌。④用刺激性小的洗涤剂。

Q 有些宝宝不太喜欢甜食，但对咸的点心却很感兴趣，可以给吗？

A 给太多含盐分较多的食物的话，宝宝习惯后，会对食物的味道无感觉。而且对宝宝的内脏，尤其是肾脏会造成负担，所以应给予淡味的食物。宝宝会想要硬的食物，有可能是因要长牙，牙龈痒的缘故。

Q 由于工作忙碌，几乎都是以婴儿食品喂宝宝的。可能是因为这样，所以宝宝到了牙龈嚼食期时，仍然仅仅吃婴儿食品。再如此下去，真担心宝宝会不接受硬食或蔬菜之类的东西。

A 市面上出售的断乳食品种类非常丰富，并且为了让宝宝接受而精心烹调，所以对忙碌的母亲来说可以说是比较可靠的。不必因为给宝宝喂婴儿食品而感到内疚，但是，进入闭口咀嚼期时，为了让宝宝记住各种不同的味道和触感，所以在允许的时间里，还是请母亲为宝宝亲手制作辅食吧。婴儿食品的味道相似、太软的特点无法训练宝宝咀嚼的动作。

DIY 宝宝半固体状辅食食谱

难易度：★☆☆

烹饪方法：榨汁、煮

烹调器具：榨汁机、汤锅

菠菜洋葱牛奶羹

原料：菠菜90克，洋葱50克，牛奶100毫升

制作方法

1.菠菜洗净、焯水，捞出剁成末；洋葱洗净，切成颗粒状。

2.取榨汁机，倒入洋葱粒、菠菜，磨至细末状，即成蔬菜泥。

3.汤锅中倒入适量清水烧热，放入蔬菜泥拌匀煮沸，倒入牛奶浸过食材煮至沸腾即可。

营养分析

菠菜洋葱牛奶羹富含维生素、矿物质及膳食纤维，可预防贫血、便秘，促进宝宝骨骼、牙齿的生长，提高免疫力。

难易度：★☆☆

烹饪方法：煮

烹调器具：汤锅

乳酪香蕉羹

原料：奶酪20克，熟鸡蛋1个，香蕉1根，胡萝卜45克，牛奶180毫升

制作方法

1.胡萝卜洗净，切粒；香蕉去皮后，剁成泥；鸡蛋去壳后，取蛋黄压碎。

2.汤锅中倒入适量清水烧热，倒入胡萝卜，烧开后用小火煮至熟透，捞出剁成末。

3.汤锅中倒入适量清水烧热，加入奶酪、牛奶拌匀，用小火煮至沸腾，倒入鸡蛋黄拌匀即可。

营养分析

乳酪香蕉羹富含蛋白质、维生素、矿物质，能增强宝宝的抗病能力，促进机体对营养素的吸收，还有明目的功效。

难易度：★ ☆☆
烹饪方法：榨汁、煮
烹调器具：榨汁机、汤锅

蔬菜牛奶羹

原料： 西兰花80克，芥菜100克，牛奶100毫升

制作方法

1. 把洗干净的芥菜切成丁；洗好的西兰花切成小块。
2. 取榨汁机，把西兰花、芥菜倒入杯中，加入适量清水，榨取蔬菜汁，倒入碗中待用。
3. 将蔬菜汁倒入汤锅中拌匀，用小火煮约1分钟，加入牛奶，用勺子不停搅拌烧开。
4. 将煮好的食材盛出，装入碗中即可。

营养分析

蔬菜牛奶羹含有丰富的维生素、矿物质、蛋白质，有利于智力的发育，可补充钙质，促进新陈代谢，有利于宝宝的生长发育。

难易度：★ ☆☆
烹饪方法：榨汁
烹调器具：榨汁机

草莓牛奶羹

原料： 草莓5个，牛奶120毫升

制作方法

1. 将洗净的草莓去蒂，对半切开，切成瓣状，再改切成丁块。
2. 取榨汁机，选择"搅拌刀座"组合，倒入切好的草莓。
3. 放入适量牛奶和适量的温开水，盖上盖子。
4. 选择"搅拌"功能，榨取汁液。
5. 断电后，倒出汁液，装入碗中即可食用。

营养分析

草莓牛奶羹富含蛋白质、维生素、矿物质和膳食纤维，有益于宝宝大脑和智力的发育，可预防便秘，可促进骨骼生长。

难易度：★☆☆
烹饪方法：蒸、煮
烹调器具：蒸锅、汤锅

橙子南瓜羹

原料： 橙子1个，南瓜50克
调料： 冰糖少许

制作方法

1.将橙子去皮，肉切丁；南瓜去皮去籽，洗净切成小块。

2.蒸锅烧开，放入南瓜片，烧开后用中火蒸至南瓜软烂。

3.去除南瓜片，放凉后捣成泥状，待用。

4.锅中注入适量清水烧开，倒入适量冰糖，搅拌均匀，煮至溶化。

5.倒入南瓜泥、橙子肉拌匀，大火煮1分钟，撇去浮沫，关火盛出装碗即可。

营养分析

橙子南瓜羹含有丰富的维生素A、果胶和矿物质，可以增强抵抗力，维持宝宝的正常视力，促进皮肤、骨骼的生长，预防便秘。

难易度：★★★
烹饪方法：蒸
烹调器具：蒸锅

山药蛋粥

原料： 山药120克，鸡蛋1个

制作方法

1.山药去皮洗净，切成薄片，放入蒸盘中待用。

2.蒸锅烧开，放入装有山药、鸡蛋的蒸盘，中火蒸熟取出。

3.放凉的山药捣成泥状，熟鸡蛋去壳取蛋黄，待用。

4.将蛋黄放入装有山药泥的碗中压碎，搅拌片刻至两者混合均匀。

5.再另取碗，盛入拌好的食材即可。

营养分析

山药富含淀粉、果胶、胆碱等，可以改善血液循环，增强宝宝身体免疫功能，具有良好的滋补作用。

难易度：★☆☆
烹饪方法：煮
烹调器具：汤锅

果味麦片粥

原料：圣女果15克，猕猴桃40克，燕麦片70克，牛奶150毫升，葡萄干30克

制作方法

1. 洗干净的圣女果切丁。

2. 猕猴桃去皮后切丁。

3. 汤锅中倒入适量清水烧热，放入适量葡萄干，烧开后煮3分钟。

4. 倒入牛奶、燕麦片拌匀，转小火煮至呈黏稠状。

5. 倒入部分猕猴桃拌匀。

6. 将锅中成粥的食物盛出装碗，放入圣女果和剩余的猕猴桃即可。

营养分析

果味麦片粥富含蛋白质、维生素、膳食纤维和矿物质，可以提高免疫力，促进宝宝正常的生长发育，预防便秘。

难易度：★☆☆
烹饪方法：蒸、煮
烹调器具：蒸锅、砂锅

南瓜燕麦粥

原料：南瓜190克，燕麦90克，水发大米150克
调料：白糖20克，食用油适量

制作方法

1. 将南瓜洗净装盘，放入烧开的蒸锅中，用中火蒸至熟，取出剁成泥状，备用。

2. 砂锅倒入适量清水烧开，倒入适量水发大米、少许食用油拌匀，慢火煲至大米熟烂，放入备好的燕麦、南瓜拌匀，大米煮至沸腾，加入适量白糖拌匀，煮至融化。

3. 将煮好的粥盛出，装入碗中即可。

营养分析

南瓜燕麦粥富含膳食纤维、矿物质、蛋白质和维生素，可以促进消化，对眼睛和皮肤都有好处。

难易度：★☆☆

烹饪方法：蒸、煮

烹调器具：蒸锅、汤锅

鸡肝土豆粥

原料： 米碎、土豆各80克，净鸡肝70克

调料： 盐少许

制作方法

1.土豆洗净去皮，切成小块。

2.蒸锅用火烧沸，放入装有土豆块和鸡肝的蒸盘，用中火蒸至食材熟透取出，放凉后将土豆、鸡肝压成泥，待用。

3.汤锅中倒入适量清水烧热，倒入米碎拌匀，用小火煮至米粒呈糊状，倒入土豆泥、鸡肝泥拌匀煮沸，调入盐拌匀煮入味。

4.关火后盛放在小碗中即可。

营养分析

鸡肝土豆粥富含矿物质、维生素，可以改善宝宝食欲，预防贫血和便秘，维持正常的视力，促进机体正常的生长发育。

难易度：★★☆

烹饪方法：榨汁、煮

烹调器具：榨汁机、汤锅

肉糜粥

原料： 瘦肉600克，小白菜45克，大米65克

调料： 盐2克

制作方法

1.将小白菜洗干净后，切成段；瘦肉洗净，切成片。

2.取榨汁机，把肉片搅成泥状，盛出加水调匀；将大米磨成米碎，盛出加清水调成米浆；榨取小白菜汁，盛出备用。

3.汤锅置于火上，倒入小白菜汁煮沸。

4.加入肉泥、米浆，拌煮成米糊。

5.调入盐，继续搅拌至入味即成。

营养分析

肉糜粥含有丰富的蛋白质、维生素、矿物质等，经常适量食用可提高宝宝智力，促进正常生长发育，增强抗病能力。

难易度：★ ☆☆
烹饪方法：煮
烹调器具：蒸锅

油菜鱼肉粥

原料： 鲜鲈鱼50克，油菜50克，水发大米95克
调料： 盐2克

制作方法

1.油菜洗干净后切成粒状。

2.鲈鱼洗净切片，放入盐进行腌渍入味。

3.锅中倒入适量清水烧开，倒入大米拌匀，用小火煮至大米熟烂。

4.倒入鱼片、油菜，往锅中加入盐，拌匀调味。

5.盛出煮好的粥，装入碗中即可食用。

营养分析

鲈鱼含有丰富且易消化的蛋白质、脂肪、维生素等，对宝宝而言是很好的优质蛋白质来源；油菜富含维生素C，营养价值丰富。

难易度：★ ☆☆
烹饪方法：蒸、煮
烹调器具：蒸锅、汤锅

鲈鱼嫩豆腐粥

原料： 鲜鲈鱼100克，嫩豆腐90克，大白菜85克，大米60克
调料： 盐少许

制作方法

1.豆腐洗净切小块；鲈鱼洗净去骨、去皮；大白菜洗净后剁成末。

2.将大米磨成米碎，盛出；鱼肉盛于蒸盘置于蒸锅中蒸熟，取出剁成末备用。

3.汤锅中倒入适量清水，倒入米碎拌煮，倒入鱼肉泥、大白菜末煮至熟透，加盐、豆腐拌匀，煮至入味即可。

营养分析

豆腐含有丰富的蛋白质，但蛋氨酸含量较少，而鱼肉中的氨基酸含量丰富，两者具有互补功效。

难易度：★☆☆
烹饪方法：煮
烹调器具：汤锅

鳕鱼粥

原料：鳕鱼120克，大米150克
调料：盐少许

制作方法

1. 将大米淘洗干净。
2. 鳕鱼洗净，去皮。
3. 将洗净的鳕鱼放入锅中蒸熟。
4. 将鳕鱼取出后切碎，备用。
5. 锅中加入适量清水烧热，加入大米，煮至熟烂。
6. 放入洗净的鳕鱼碎，和大米一起煮至熟烂。
7. 加盐调味，拌匀。
8. 关火，将煮好的食材盛入碗中即可食用。

营养分析

鳕鱼含有丰富的多烯脂肪酸、球蛋白、白蛋白以及儿童发育所需的各种氨基酸，对宝宝大脑发育、智力和记忆力增长有促进作用。

难易度：★★★
烹饪方法：煮
烹调器具：汤锅

牛奶面包粥

原料：牛奶100毫升，吐司面包1片

制作方法

1. 将吐司面包撕成碎末，装入碗中，备用。市面上有很多种类的吐司面包，但不适宜选择带馅料的面包或油脂含量高的面包，最好选择传统原味的吐司面包或者是高钙吐司面包。
2. 小锅中倒入牛奶煮热后，加入面包碎屑拌匀，小火煮片刻，待面包吸收牛奶变得没有那么干（牛奶可以选择是由奶粉兑温水调配的）。
3. 关火，将粥盛出即可。

营养分析

面包含丰富的碳水化合物、维生素和多种矿物质，而牛奶富含蛋白质、脂肪和维生素，两者合用易于消化吸收，营养价值丰富。

难易度：★ ☆ ☆
烹饪方法：煮
烹调器具：炒锅

豆腐牛肉羹

原料： 牛肉90克，豆腐80克，鸡蛋1个，鲜香菇30克
调料： 盐少许，食用油适量

制作方法

1. 豆腐洗净切丁。
2. 香菇洗净切粒。
3. 牛肉洗净剁成肉丁。
4. 鸡蛋打散调匀。
5. 将豆腐、香菇焯煮，捞出备用。
6. 热油锅，放入牛肉粒、清水，煮沸。
7. 倒入豆腐、香菇、盐煮熟，加入蛋液拌匀，盛出即可食用。

营养分析

豆腐牛肉羹富含蛋白质、矿物质，能够提高宝宝的免疫力，预防贫血，促进骨骼，对营养不良的宝宝有补益功效。

难易度：★ ☆ ☆
烹饪方法：蒸
烹调器具：蒸锅

素蒸三鲜豆腐

原料： 豆腐300克，鸡蛋110克，面包糠15克，胡萝卜少许
调料： 盐2克，食用油适量

制作方法

1. 胡萝卜洗净后切碎。
2. 豆腐压成泥状。
3. 将豆腐泥、胡萝卜、鸡蛋、盐、面包糠、食用油、水拌匀成蛋液，蒸熟，取出后即可食用。（蒸蛋散热比较慢，因此，妈妈喂给宝宝食用时，需要注意感受食物温度，放凉一点再给宝宝）

营养分析

豆腐中丰富的蛋白质，胡萝卜中的胡萝卜素、维生素A，鸡蛋中丰富的优质动物蛋白，面包糠中的膳食纤维均有益于宝宝生长发育。

PART ⑤

11～12个月断奶结束期
固体状辅食

宝宝快一岁了，身体各方面都有了很大的变化，对于这个阶段的喂养，妈妈可以准备一些蔬菜、水果、肉末的粥，还有面糊、烂饭来丰富宝宝的食物种类。还应适当地增加宝宝的食量，并逐步地替代母乳，补充宝宝身体发育所需要的各种营养。

1. 11~12个月宝宝的成长变化

开始颠颠倒倒地走路

1 在迎接生日的时候，体重约出生时的 3 倍，身高也约出生时的1.5倍了。且身体体格变得更结实，早熟点的宝宝开始会用危险的走路方式试着走路，并会想把身体撑高，一步一步地往楼梯上爬。

开始走路时，活动范围会扩大，只要母亲的视线稍微离开一下，就会想去哪儿就去哪儿，若是把他抱住，他还会生气。当宝宝绊倒或跌倒时，周围的人总是会非常紧张，但是若在安全的范围内，就不必太在意了。另外，禁止他"那个不行"、"这个也不行"的话，会造成运动机能无法充分发达，以及容易造成消极的性格。

接受1岁幼儿健康检查

2 宝宝过了1岁生日后，就算是从婴儿角色转换为幼儿了。要接受1岁幼儿健康检查，以确认成长状况。检查是否有异常，若有担心的事，就可请教医生。

彻底地断奶

3 一直让宝宝喂母乳的话，从健康面、精神面来说，都是不好的。对宝宝而言的理想营养食物"母乳"，也会随宝宝的成长，营养成分渐减退。当开始进行断乳食品时，就要慢慢减少母乳的量。自九个月到满周岁前，就要完全断乳。

若超过1岁，仍让宝宝饮用母乳的话，会造成他对乳房的依赖，反而很难进行断奶的工作。所以，建议一旦宝宝进入周岁时，就要彻底地断奶。这时候，无论宝宝如何想吃或哭闹，也不能服软，母亲的坚持是很重要的，只要给了一次，那么到现在的努力都会泡汤，那么下次要断奶的话，就很困难。

想自己吃饭

4 到1岁时，宝宝会想自己吃饭。宝宝会有用手抓东西吃或拿着汤匙挥动等动作表现，但请让他想做什么就做什么。这是为了他以后能做得更好而练习的。为了防止弄脏，注意围上围兜和准备好小手巾。

2. 断奶结束期的辅食添加原则

1 要注意营养的均衡

成长上所需要的营养，几乎都从食物中摄取，所以请注意营养的均衡。如果顺着宝宝的食欲的话，那么会偏向糖分而缺乏蔬菜的。当您在设计菜单时，要考虑肉鱼等含蛋白质的食物是否足够，或者绿黄色蔬菜和淡色蔬菜的均衡是否可以。而且，要注意尽可能让宝宝尝试不同种类的食品。

2 软硬度标准是汉堡肉

虽说是断乳食物结束期，但咀嚼力仍很弱，所以不可给予与大人相同的食物。到3岁左右，食物的软硬度与大小是以幼儿为对象，所以烹调淡味是必要的。材料因几乎能吃与大人相同的东西了。所以，当大人的料理烹调至一半时，就从中挖取些，再煮软一点。这样也可减轻母亲负担。此时宝宝的牙齿，如果仍无法咬硬的东西，若是给予大人吃的东西的话，有时会产生疲倦，或造成厌恶吃的情形。因此要控制好辅食的软硬度，以较软的汉堡肉为标准。

3 点心要慎重安排

因为宝宝的消化器官还不是十分发达，所以，1天所需食物无法仅在3餐内就可得到的。因此，此时期的点心，有补充正餐的重要目的，点心的次数依宝宝的食欲而定，一次也行，两次也行。但是，要规定时间，在用餐后两个小时再给，以避免宝宝会排斥正餐的进食。若是因为宝宝哭闹，为了安抚他就给点心的话，那么就偏离了本来给予点心的目的，这样是不理想的。规定点心时间，也有防止蛀牙的目的，当宝宝想要时，就给他吃个不停的话，就会很容易造成蛀牙。此外，吃完饭后要养成宝宝用冷开水漱口的习惯。

4 多喂给宝宝季节性蔬果

若宝宝已经可以熟练地咀嚼煮软的蔬菜，就可以直接给宝宝生鲜的蔬果，或切成棒棒状，妈妈们尤其要多利用季节性水果喂给宝宝。

3. 断奶结束期的喂养指南

吃饭的食量多是不定的

此时的宝宝会出现有些日子吃得很多，有些日子又几乎都不吃，吃饭方式不定的情形，而且比从前更明显。实际上，这些是从此时开始到2～3岁前，宝宝常见的特征。以1星期为单位平均，大致上都有吃的话，就不需担心。有时会因玩得不过瘾，或身体不适等而没有食欲的。

将奶瓶换成杯子

在这个时期之前，必须将母乳戒掉。但是，如果这时仍使用奶瓶喝奶的话，也要尽可能改用杯子给他喝。从奶瓶喝的牛乳量是可限定的，但一直不改掉用奶瓶喝奶的习惯的话，对宝宝牙齿的排列也不好。在宝宝还未习惯时，建议您让宝宝用手拿可固定的双耳杯子。

不要让宝宝用餐太久

边吃边玩，也是此时期的特征。宝宝会有用手拿东西吃，或将东西移到这个盘子移到那个盘子等行为。宝宝在食物上玩来玩去的话，好像就会高兴得不得了似的。宝宝会一点一点地记住自己吃饭的事，而且这样子也会让手变得更巧等。

若是边吃边玩的现象开始的话，先让他自由行动并观察一阵子看看。假如，他老是玩而丝毫没有吃饭的打算的话，就告诉他"好，收起来啰"，并将东西收拾起来。用餐时间限度约为30分钟左右。

为了不让宝宝边吃边玩的时间持续太久，可试着让宝宝感到肚子饿，不妨将宝宝带到外面让他玩耍，或是将吃饭时间的间隔拉大。另外，给太多甜食的话，宝宝也会觉得肚子不饿，所以不可给太多甜食。对这个时期的宝宝，妈妈与其给甜食，倒不如多给宝宝一些应季性水果或蔬菜。

训练自己吃

一直让人家喂食的话，恐怕会养成无自立心、消极性的小孩。因为宝宝自己吃的话，要花很多时间，且会弄得到处都是，或会弄脏衣服等，所以，母亲会很想喂他，但是就请您多多忍耐，让他自己来吧。总是让人家喂食的话，去了幼稚园后无法自己吃得很好，结果，宝宝便无法适应群体生活，这样的例子也很多的。前面提到宝宝的吃饭时间为30分钟，但是其中的15分钟让他自己吃吧。1～2岁的小孩，对一件事物的注意力约能维持15分钟左右。在那之后，母亲也一起跟宝宝握着汤匙，或拿另一根汤匙帮助宝宝吃饭吧。当宝宝很努力地想将食物塞入嘴里，但却无法做得很好的情况时，母亲若教宝宝将食物放入口中的话，他会慢慢地进步的。

4. 固体状辅食的烹调方法

♥ 在这一阶段的宝宝已经基本能够吃与大人相同的食物，但调味还是要稍清淡较好。

♥ 此时的宝宝已经有乳牙萌出，因此，食物应该稍硬，如很多稍硬的水果已经可以放心给宝宝进行咀嚼。

♥ 宝宝对于有筋的肉还未能适应，所以还要切细或食用煮软的里脊肉。

辅食烹调方式

谷物

泡过的白米和水按1：2做成软饭，此时的宝宝应该尝试不同的食材，以丰富口感和均衡营养。因此，可以试着用不同的米，如黑米、黄米、红米等。

水果

水果可以切成适当大小喂给宝宝吃，质地坚硬的水果适当切成小块，让宝宝拿在手上慢慢啃吃。比较柔软的水果则可以直接食用或切成小块。

蔬菜

蔬菜粗纤维含量较多，应热水氽烫变软后，切成1厘米大小喂给宝宝。豆芽和竹笋需要去掉头部和根部，土豆则可以蒸软做成土豆泥。

肉类

磨成肉末烹煮，或是跟其他材料一起煎，或做成丸子。鸡肉可以煮熟撕碎后作为食材。

鲜鱼

鲜鱼应该先去鳞去皮与鱼刺后，再采用清蒸或烤熟的烹煮方式。

海鲜

海鲜要清理干净，这是很重要的一点。鱿鱼要去皮，虾的泥肠要去掉，牡蛎要用盐水洗干净。

豆腐

豆腐质地柔软、滑嫩，可以用于做汤或熬稀饭，也能切成片状煎熟吃。

蛋黄

水煮蛋的蛋黄喂给宝宝，宝宝不容易消化和吞咽，因此最好放在粥里熬煮后喂给宝宝吃。

5. 断奶结束期的注意事项

Q 如何确认宝宝已经掌握牙龈咀嚼了？

A 确认重点：①使用舌头，将食物摆在左右牙龈处，此时，唇会左右动，唇端也会被拉住另一边。②左右的脸颊会鼓鼓的。③下巴会有规律性地上下动。④能够顺利地吞食。

Q 宝宝想吃与成人同样的食物

A 宝宝的吃饭习惯改变为一天3餐后，就可以与大人一起用餐了。当宝宝开始牙牙学语时，就更加可爱，因此会令餐桌上的气氛变得热闹、愉快。在这个时候，宝宝的食物大多数是从成人食物里分配出来的。宝宝的好奇心会越来越强，对大人吃的东西的关心程度，胜于关心自己的东西，大概是因为大人吃的东西种类较多且变化较大。这时候，与其对宝宝说"不可以"，倒不如从大人的食物中，挑选些较软的、宝宝能吃的东西给他。如此更能增进亲子之间情感的交流。当然，那是为了满足宝宝的精神，所以吃饭的主体还是要为宝宝而设计。

Q 宝宝家族中有过敏体质的人，是不是不能让宝宝吃各种食物了？

A 若是母亲或爷爷、奶奶等关系亲近的家人有过敏体质的话，宝宝是过敏体质的可能性相对较高，所以，怀孕期间、喂乳期间及断乳食物给予的期间，为了不造成偏食的现象，不要偏重一种食品，最初，增加安全的蔬菜的种类，渐渐地增加食品的数量，不要持续给予相同的食品，让他吃多种食品。同时，如果宝宝的家人过敏的原因是食物的话，就要避免宝宝吃那些食物，这样会比较安全。但是，也要先向医生咨询，听从嘱咐，如果有被要求不要食用某些特定食物时，只要从别的含有相同营养的食品里摄取就可以了。

Q 喂给宝宝吃鱼时，宝宝总是紧闭不吃，应该怎么办？

A 如果是因为看到鱼的外观而排斥的话，那么，可以沾面粉油炸，或切成细丝用炒的。若还不吃的话，有可能是鱼腥味的关系，那么可以沾面粉，用奶油煎之后，在奶油浓汤煮或做成奶汁烤菜，因为鲜乳有去腥的作用。不喜欢鱼的话，可以考虑使用肉，虽然蛋白质可以满足了，但是鱼含有肉类所没有的营养素。如果父母喜欢吃鱼的话，可以在吃饭的时候，边吃边说"真好吃"等。先不用勉强宝宝食用，慢慢的，宝宝可能就会想尝试食用。

Q 宝宝不爱睡午觉，所以晚上会很早就睡觉，因此，经常会不吃晚餐就入睡，应如何是好呢？

A 偶尔玩累了就睡的话，倒是无所谓，但是，常常这样子的话，就不太好了。尽可能让宝宝养成用完午餐后就睡午觉的习惯，另外，省略下午的点心，提早在 4 点左右给宝宝吃晚餐，也是一个方法。无论如何，一天 3 餐是不可缺的。

Q 宝宝没有东西拌饭就不愿意吃饭了。

A 有的家长习惯了经常在米粥或米饭上面撒上小鱼干或蔬菜让宝宝吃，渐渐的，宝宝习惯了这种方式，变得没有东西拌饭就不愿意吃饭了，这时候不宜强制地让宝宝立刻改掉这个习惯。就算是大人，也有很多人白饭上没撒东西就吃不下的。如果是撒上一般调味的菜的话，又怕宝宝摄入的盐分过量。母亲可以自己亲手做一些控制盐分的食物，但是如果一直都撒着东西，宝宝就无法感觉其他食物的美味了，所以要渐渐改变这个做法。突然改掉是很困难，母亲可以偶尔做一些饭团或将饭塞入模具内再倒盖放置于盘内，利用各种变化来让宝宝尝尝白米饭的美味吧！

Q 宝宝不良的饮食习惯不是宝宝的错。

A 断奶前后，妈妈因为心理上的内疚，容易对宝宝纵容，要抱就抱，要啥就给啥，不管宝宝的要求是否合理。但父母应该要知道越纵容，宝宝的脾气越大。在断奶前后，妈妈适当多抱一抱宝宝，多给他一些爱抚是必要的，但是对于宝宝的无理要求，就不应该轻易迁就，不能因为断奶而养成宝宝的坏习惯。这时，就需要爸爸的理智对妈妈的情感起一点平衡作用，当宝宝大哭大闹的时候，由爸爸出面来协调，宝宝就会比较容易听从。断奶期间宝宝的不良饮食习惯是断奶方式不当造成的，不是宝宝的过错。因此，父母应该注意断奶期间依然要让宝宝学习用杯子喝水和喝果汁，学习自己用小勺吃东西，这能锻炼宝宝独立生活的能力。

Q 用水果代替蔬菜。

A 有的父母发现宝宝不爱吃蔬菜，大便干燥，于是就用水果代替蔬菜，以为这样就可以缓解宝宝的便秘，但是效果并不理想。这种做法是错误的，水果是不能代替蔬菜的。蔬菜中，特别是绿叶状蔬菜中含有丰富的纤维，可以保证大便的通畅，保证矿物质、维生素的摄入。

DIY 宝宝固体状辅食食谱

难易度：★☆☆
烹饪方法：煮
烹调器具：汤锅

核桃木耳粳米粥

原料： 大米200克，水发木耳45克，核桃仁20克
调料： 盐2克，食用油适量

制作方法

1.木耳洗净后切小块。

2.锅中注入适量清水烧开，倒入大米、木耳、核桃仁，加入少许食用油拌匀，小火煲至大米熟烂，加盐拌匀调味。

3.将煮好的粥盛出，装入碗，可以撒上葱花即可。

营养分析

核桃木耳粳米粥富含蛋白质、矿物质、脂类和维生素，可提高宝宝智力，促进正常生长发育，增强抵抗能力。

难易度：★☆☆
烹饪方法：煮
烹调器具：汤锅

什锦菜粥

原料： 上海青、洋葱各30克，青豆35克，胡萝卜25克，水发大米110克
调料： 盐少许

制作方法

1.将洋葱、胡萝卜、上海青分别洗净，切粒。

2.锅中倒入适量清水，倒入大米拌匀，烧开后用小火煮至大米熟软，倒入青豆、胡萝卜，小火煮至食材熟烂，放入洋葱、上海青，加入食盐拌匀，再用小火煮至食材熟烂，盛出装碗即可。

营养分析

什锦菜粥富含维生素、膳食纤维、矿物质和蛋白质，能提高机体免疫力，可预防便秘，促进新陈代谢。

難易度：★☆☆
烹饪方法：蒸
烹调器具：蒸锅

水蒸鸡蛋糕

原料： 鸡蛋2个，玉米粉85克，泡打粉5克
调料： 生粉适量，白砂糖5克，食用油适量

制作方法

1.分装蛋清、蛋黄，玉米粉和蛋黄加入白砂糖、泡打粉用清水拌匀，静置成玉米面糊。

2.蛋清拌匀，加入生粉，搅拌至起泡沫。

3.在抹有食用油的碗里加入玉米糊，中间压小窝，倒入蛋清，静置成鸡蛋糕生成坯。

4.蒸锅放水上火烧开，放入鸡蛋糕生成坯，中火蒸至鸡蛋糕熟透，关火即成。

营养分析

鸡蛋中富含蛋白质和卵磷脂，可提高机体抵抗力，对宝宝的视网膜、神经系统发育有益，可健脑益智。

難易度：★☆☆
烹饪方法：煮
烹调器具：汤锅

胡萝卜瘦肉粥

原料： 瘦肉60克，水发大米70克，胡萝卜25克，洋葱15克，西芹20克
调料： 盐1克，芝麻油适量

制作方法

1.将胡萝卜去皮，洋葱、西芹洗净，切成粒；瘦肉洗好，剁成肉末。

2.锅中倒入适量清水烧热，倒入水发好的大米拌匀，用小火煮至大米熟烂，倒入肉末、胡萝卜、洋葱、西芹，拌匀煮沸，加入盐，淋入少许芝麻油，用锅勺拌匀调味煮沸。

3.将煮好的粥盛出，装入碗中即可食用。

营养分析

胡萝卜瘦肉粥富含蛋白质、维生素、矿物质和膳食纤维，可增强宝宝体质，预防贫血、便秘，维持皮肤和视力的正常。

难易度：★☆☆
烹饪方法：炒
烹调器具：炒锅

香菇鸡肉羹

原料：鲜香菇40克，上海青30克，鸡胸肉60克，软饭适量

调料：盐少许，食用油适量

制作方法

1.上海青洗净，焯熟，剁成粒；香菇洗净后切成粒；鸡胸肉洗净后剁成末。

2.用油起锅，倒入香菇炒香，放入鸡胸肉搅松散，炒至转色，加入适量清水，适量软饭炒匀，加入少许盐、上海青拌炒匀。

3.将炒好的食材盛出，装入碗中即可。

营养分析

香菇鸡肉羹富含蛋白质、矿物质和维生素，能促进新陈代谢，利于宝宝骨骼、牙齿的正常生长。

难易度：★☆☆
烹饪方法：炒
烹调器具：炒锅

蘑菇浓汤

原料：白蘑菇50克，鲜奶油100毫升，鸡汤300毫升

调料：奶酪少许，黄油20克，面粉50克，盐少许

制作方法

1.将白蘑菇洗净后切丁。

2.热锅中倒入少许黄油融化，加入面粉炒1分钟，制成黄油炒面，取出待用。

3.锅中放入剩余黄油，放入白蘑菇丁翻炒片刻，加入黄油炒面拌炒，倒入鸡汤煮15分钟，再调入奶酪、鲜奶油和盐拌匀。

4.关火，盛出食用即可。

营养分析

蘑菇浓汤富含蛋白质、矿物质、维生素，促进新陈代谢，利于各种营养的吸收和利用，对宝宝的发育大有益处。

难易度：★☆☆
烹饪方法：煮
烹调器具：汤锅

紫菜豆腐羹

原料：北豆腐260克，西红柿65克，鸡蛋1个，紫菜200克

调料：葱少许，植物油、食盐、芝麻油各少许

制作方法

1.将紫菜洗净浸泡，撕开。

2.北豆腐洗净，切丁。

3.西红柿洗净，切块。

4.鸡蛋制成蛋液。

5.锅中倒入水烧开后加油，下西红柿略煮，加入盐。

6.倒入北豆腐丁和紫菜，煮熟后，加入蛋液搅至成形。

7.倒入芝麻油调味，撒上葱花即可食用。

营养分析

紫菜豆腐羹富含矿物质、蛋白质，可增强宝宝记忆力，预防贫血，能够促进骨骼、牙齿的生长。

难易度：★☆☆
烹饪方法：炒、煮
烹调器具：汤锅、炒锅

青菜肉末汤

原料：上海青100克，肉末85克

调料：盐少许，玉米淀粉、食用油各适量

制作方法

1.汤锅中放入适量清水烧开，放入洗净的上海青，煮熟后捞出，放凉剁碎。

2.用油起锅，倒入肉末搅松散，炒至转色，倒入适量清水、少许盐，搅拌均匀，倒入上海青、少许用水溶解的玉米淀粉，拌匀，煮至沸腾。

3.将煮好的汤料盛出，装入碗中即可。

营养分析

青菜肉末汤富含蛋白质、膳食纤维、矿物质和维生素，可提高宝宝免疫力，促进消化吸收。

难易度：★☆☆

烹饪方法：煮

烹调器具：汤锅

西红柿面包鸡蛋汤

原料： 西红柿95克，面包片30克，高汤200毫升，鸡蛋1个

制作方法

1.鸡蛋打入碗中，打散调匀。

2.汤锅中倒入适量清水烧开，放入西红柿，烫煮1分钟取出去皮，切成小块；面包片去边，切成粒。

3.将高汤倒入汤锅中烧开，倒入切好的西红柿用中火煮至熟，倒入面包粒拌匀，倒入备好的蛋液，拌匀煮沸。

4.将煮好的汤盛出，装入碗中即可食用。

营养分析

西红柿面包鸡蛋汤富含蛋白质、矿物质、有机酸和维生素，可满足维持宝宝皮肤、视力的正常功能需要。

难易度：★☆☆

烹饪方法：煮

烹调器具：汤锅

鲜菇西红柿汤

原料： 玉米粒60克，青豆55克，西红柿90克，平菇50克，高汤200毫升，姜末少许

调料： 玉米淀粉、盐、食用油各适量

制作方法

1.平菇洗净切粒，西红柿洗净切成丁。

2.姜末与平菇、青豆、玉米粒炒匀。

3.倒入高汤，放入适量盐，小火煮熟透，倒入西红柿拌匀煮沸，倒入适量玉米淀粉的水溶液，把锅中的食材拌匀，煮片刻。

4.将煮好的汤料盛出，装入碗中即可食用。

营养分析

鲜菇西红柿富含维生素、矿物质、蛋白质，可以改善宝宝新陈代谢，增强宝宝的体质，预防贫血和便秘。

难易度：★☆☆
烹饪方法：煮
烹调器具：汤锅

鲜虾汤饭

原料： 虾仁45克，菠菜50克，秀珍菇35克，胡萝卜45克，软饭170克
调料： 盐2克

制作方法

1. 菠菜、秀珍菇、胡萝卜、虾仁均切成粒。
2. 汤锅倒入适量清水烧开。
3. 倒入胡萝卜、香菇、软饭拌匀。
4. 用小火蒸至软烂。
5. 揭锅，倒入虾仁、菠菜粒，拌匀煮沸。
6. 加盐拌匀调味，起锅盛出装碗即可食用。

营养分析

虾肉富含蛋白质和钙，能补充宝宝骨骼和牙齿发育所需的钙质，其所含的微量元素硒能提高宝宝的免疫力。

难易度：★☆☆
烹饪方法：煮
烹调器具：汤锅

虾仁馄饨

原料： 馄饨皮50克，鲜虾仁80克，虾皮、紫菜碎、蛋清各少许，姜末、葱末各少许
调料： 盐、玉米淀粉、植物油各适量

制作方法

1. 虾仁烘干水后剁碎。
2. 加入葱末、姜末、盐、淀粉、蛋清、植物油搅打成馅。
3. 取馄饨皮包虾仁馅制成馄饨，入锅煮熟。
4. 再加入少许虾皮、紫菜碎拌匀。
5. 关火，将煮好的食材盛出即可食用。

营养分析

虾仁馄饨含大量蛋白质和矿物质，可促进宝宝生长，提高免疫力，其钙质含量丰富，能促进宝宝牙齿、骨骼的生长。

难易度：★☆☆
烹饪方法：蒸、煮
烹调器具：蒸锅、汤锅

鱼肉麦片

原料：草鱼肉100克，燕麦片80克
调料：盐少许

制作方法

1.鱼肉洗净，去除鱼骨放入蒸锅蒸熟，蒸煮时间不宜过长，否则鱼肉肉质会变老，宝宝吃起来会不容易吞食，鱼肉变得没有那么滑嫩。

2.取出鱼肉，放入碗中压成鱼蓉，压的同时应该要注意是否还有残留的小鱼刺，及时挑出。

3.锅中倒入适量清水烧开，放入燕麦，煮至熟软。

4.再倒入鱼蓉拌匀煮片刻，加盐调味。

5.关火，将煮好的食材盛出即可食用。

营养分析

草鱼麦片对心肌发育及儿童骨骼生长发育有特殊作用，燕麦片含有的不饱和脂肪酸、可溶性纤维是宝宝生长发育所需的营养素。

难易度：★☆☆
烹饪方法：焯煮
烹调器具：炒锅

奶油豆腐

原料：奶油30克，豆腐200克，胡萝卜、葱花少许
调料：盐、食用油各适量

制作方法

1.胡萝卜切粒，豆腐切块。

2.锅中倒入适量清水烧开，倒入豆腐。

3.煮沸后加入胡萝卜粒，焯煮好，捞出沥干。

4.锅注油烧热，倒入豆腐、胡萝卜粒、奶油、适量盐炒匀。

5.一边翻炒，一边将豆腐压碎，盛出后撒上葱花，即可食用。

营养分析

豆腐含丰富的植物蛋白质和人体必需的八种氨基酸，还含有不饱和脂肪酸、卵磷脂等营养素，有助于促进代谢、增强免疫力。

难易度：★ ☆ ☆
烹饪方法：煮
烹调器具：汤锅

猕猴桃薏仁粥

原料：猕猴桃1个，薏仁20克
调料：冰糖5克

制作方法

1.选择购买大小适中、成熟度适宜的猕猴桃，用小刀将头部去掉，用小勺挖出果肉。

2.薏仁洗净，备用。

3.将薏仁放入锅中煮至熟软。

4.放入猕猴桃肉和冰糖，搅拌均匀。

5.煮10分钟至食材熟软。

6.关火，将煮好的食材盛出即可食用。

营养分析

猕猴桃富含维生素C、维生素A、维生素E以及钾、镁、纤维素、叶酸、胡萝卜素和黄体素等，可强化免疫系统。

难易度：★ ☆ ☆
烹饪方法：煮
烹调器具：汤锅

菠菜粥

原料：菠菜45克，大米100克
调料：盐少许

制作方法

1.大米用清水清洗3次。

2.将菠菜用清水洗净2次后，用盐水浸泡菠菜10分钟左右，这样子可以去除蔬菜上残留的农药。沥干水分后，切碎，备用。

3.将大米倒入锅中大火煮20分钟，至大米熟软。

4.倒入菠菜碎一起煮至熟烂。

5.加入食盐调味，拌匀。

6.关火，将煮好的菠菜粥，盛入碗中，即可食用。

营养分析

菠菜粥富含膳食纤维、维生素和矿物质，可预防便秘；其富含的维生素E和硒元素，能激活宝宝大脑的功能。

1~1.5岁牙齿发育期
咀嚼型食物

1~1.5岁的宝宝，牙齿处于发育期，这个时期给孩子准备的食谱不仅要注重营养，也要注意牙齿的发育和健康。给宝宝进食咀嚼型食物，可以锻炼宝宝的咀嚼能力，促进牙齿的萌出和颌骨的正常发育，同时补充牙齿发育所需要的营养，如钙、磷等矿物质和许多维生素。

1. 1~1.5岁孩子的生理特点

到了这个时期，父母会发现，生活发生了重大的改变，可爱的宝宝成了一个捣蛋王，我们的宝宝长大了！为了更好地制作适合1~1.5岁孩子的营养食谱，赶紧了解一下这个时间段孩子的生理特点。

体格	发育和前期相比，速度下降，但身高和体重都快速增长，身高大约80多厘米，体重约11克。
大脑发育	脑重量增加，开始萌生思维活动，学习能力大大增。
行为	手脚等肢体慢慢灵活，喜欢抓东西，学会走路，喜欢模仿强周遭的人和动物。
语言能力	语言理解和表达能力有很大的进步，能听懂和表达一些简单的词。
器官	最明显也看得见的变化就是，孩子此时牙齿基本上萌出好几颗了，可以咀嚼一定硬度的食物。
心理	有自己的喜怒，脾气变大。比如别人拿了他的玩具，会哭闹。

2. 宝宝的出牙顺序和营养保健

出牙顺序

宝宝6~10个月大时，下腭正门牙萌出

7~12个月大时，上腭的正门牙萌出

7~12个月大时，上腭的正门牙萌出

7~16个月大，上下腭的4颗侧门牙依次萌出

宝宝13~19个月大，上下腭的4颗第一个大臼齿长出

宝宝16~23个月大时，上下腭的犬齿萌出

宝宝20~33个月大，上下腭的第二大臼齿萌出

注：1人一共有20颗乳齿，正门牙、侧门牙、第一大臼齿、犬齿、第二大臼齿都是上下腭各两颗

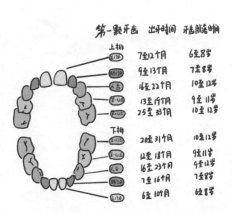

1 多吃果蔬

骨胶和牙釉质的形成需要维生素C，缺乏维生素C可造成牙齿发育不健康，牙龈容易水肿、出血。果蔬通常都富含维生素C，多吃果蔬，可以摄取丰富的维生素C。此外，还可以通过咀嚼蔬菜，起到一定的清洁牙齿的作用，以利于促进下颌的发达和牙齿的整齐。

2 多吃粗粮、坚果类食物

粗粮和坚果类食物一般都需要咀嚼。多咀嚼这些食物，有助于牙齿的健康发育。而且，这类食物通常富含形成牙齿所需要的钙、磷等矿物质。因此给孩子多喂食这类食物，不仅可以锻炼咀嚼能力，更有利于牙齿的形成发育。但要注意，对玉米、高粱、瓜子、核桃、榛子这些粗粮、坚果类食物要适当处理一下，不要过于粗糙，以免噎到宝宝，造成窒息。

3 多吃豆类、谷类、蛋类、肉类

牙齿的发育和萌出都需要蛋白质。蛋白质的摄取对牙齿的正常发育很重要。想要孩子日后拥有一口整齐漂亮的好牙，这个时期就要给孩子多吃点豆类、谷类、蛋类、肉类等食物，让孩子多摄取蛋白质。

4 多吃乳类、乳制品

牙齿、牙槽骨和颌骨主要成分是钙，因此可想而知，牙齿的发育和健康多么需要补钙。通常的，乳类和乳制品不仅仅含钙量丰富，而且易于被人体吸收。因此这个时期还是应该让孩子继续多喝牛奶。当然，为了牙齿和颌骨的发育，可以适当选择一些稍硬的乳制品。

3. 纠正牙齿发育期的不良习惯

　　宝宝出牙了，刚刚有了牙齿，很容易因此学会一些不良行为，久了不纠正就成为不良习惯。有的家长认为这其实不算事，孩子嘴里的都是乳齿，以后换成恒齿就好了，因此放任自流，任影响牙齿的健康和卫生的不良习惯肆意出没。但其实，乳齿是恒齿健康和坚固的基础和保证。而且，如果不及时纠正孩子在牙齿发育期的坏习惯，可谓是后患无穷。

1 吸奶嘴 ✖

现在很多宝宝都会含着奶瓶喝奶，这时候父母就要注意了，要防止宝宝吸空奶瓶的奶嘴，防止奶嘴过大，或者奶嘴位置过于靠前，免得时间久了，孩子出现错颌畸形的问题，影响牙齿和面部的美观。

2 侧着睡 ✖

就像经常用一侧牙咀嚼一样，宝宝经常侧着睡觉，也是一个不良习惯。它会造成孩子面部不对称。

3 吸吮手指 ✖

一个不注意，宝宝就会养成吸吮手指的不良习惯。这种习惯久而久之就会造成孩子牙齿和嘴巴之间咬合不良，上排牙齿凸出，相当难看。

4 偏侧咀嚼 ✖

宝宝假如习惯用一侧牙齿咀嚼，久了，上下牙弓中线就会向咀嚼的那一侧偏歪，出现颜面两侧不对称的畸形情况。

5 磨牙 ✖

也些宝宝很喜欢磨牙，觉得很好玩。其实，假如是乳牙，即使因磨牙造成牙齿磨损，似乎也不是什么大问题，换了牙齿就好了。但是，如果之前没有及时制止和改掉孩子磨牙的这个不良习惯，孩子换成恒齿之后也仍然会磨牙的。那时，磨坏了牙齿，换牙又岂是简单的？

6 吐舌或者用舌舔牙 ✖

孩子习惯性吐舌头，或者用舌头去舔牙齿都有可能造成前牙开颌，使颌畸形难看？对于这样的说法，相信很多人听了都觉得不可能，但事实上，就像愚公移山的，宝宝仅仅通过吐舌和用舌舔这样看似轻微的小行为，久而久之，上下颌也会畸形。

7 张开嘴睡觉 ✖

宝宝张开嘴睡觉也是一个不好的习惯，不仅使喉咙容易干渴，还会造成上下牙弓咬合不良。

8 咬唇 ✖

有的宝宝也喜欢咬唇，或者无意识的咬唇，但这却是一个不良习惯。经常咬上唇，容易造成下颌前凸；咬下唇则容易使上牙前凸，下颌往后缩。

4. 牙齿发育期的清洁方法

宝宝1～1.5岁，这时期确实还很小，但不要以为这样，宝宝就不需要刷牙，不需要对牙齿进行清洁和清扫了。再干净无尘的屋子，不打扫迟早也会不忍直视。同样的，宝宝牙齿发育期，如果不好好清洁，口腔和牙齿可想而知会脏得多么不可思议。更何况，这个时期是宝宝牙齿的萌生期，也是为日后拥有一口好牙打好基础的重要时期，如果不好好清洁牙齿，口腔和牙齿势必会累积很多食物的残留渣，从而渐渐滋生细菌，引发口腔溃疡、牙龈出血、蛀牙等问题。

1 咀嚼蔬菜

咀嚼蔬菜时，蔬菜中的水分能稀释口腔中的糖质，减少细菌生长。此外，蔬菜所富含的膳食纤维能对牙齿进行机械性的摩擦，减少食物粘附和牙菌斑的形成，起到清扫和清洁的作用。

2 咀嚼粗粮

粗粮通常含有丰富的纤维，耐咀嚼，促进唾液产生的同时，还能维护牙齿健康。经常吃些粗粮，不仅能促进宝宝咀嚼肌和牙床的发育，而且可将牙缝内的污垢涮除掉。

3 咀嚼水果

水果中富含水分，可以对牙齿进行擦洗，擦去牙齿表面上的细菌；另一方面，水果所含的果胶可以适当抑制细菌的生长，从另一个方面清洁牙齿。

4 棉签或者纱布擦

可以在喂食之后，选择干净的棉签或者纱布擦拭宝宝的牙齿和牙床，拭去食物残留，减少牙齿细菌增生。对于只有1～1.5岁的宝宝，这个方法是很适宜的，既不麻烦，清洁得也比较干净彻底。

5 软的牙刷

家长在宝宝饭后、睡前可以用很软的牙刷帮宝宝轻轻刷牙，清洁牙齿。但要注意，这个时期的宝宝还小，可以用沾点淡盐水刷，尽量少用或者可以不用牙膏。

6 漱口

漱口是清洁牙齿最常见的一种方式。但这个时期的宝宝既不会自主漱口，也很容易因漱口呛到。因此，给宝宝漱口时喂进嘴里的水，量一定不要太多，然后让宝宝脸朝下，手指轻轻打开宝宝的嘴巴，将水吐出来。

7 喝水

1～1.5岁的宝宝还小，当他对漱口十分抗拒的时候，父母可以退而求其次。在宝宝每次进食之后，喂一定量的白开水，让白开水带走一部分的口腔残留物，避免残留物在嘴里发酵，对牙齿产生不良影响。

5. 牙齿发育期的辅食添加原则

NO.4

多选择耐咀嚼的富含膳食纤维的食物，锻炼牙齿处于发育期的宝宝的咀嚼行为，促进牙齿和颌骨的正常发育。

NO.5

少放调味品。这个时期，宝宝的辅食仍然以清淡寡味为主。比如盐放得太多，孩子体内的钠就会增加，而孩子的肾脏仍然没有发育成熟，摄取过多的钠显然会加重肾脏的负担。

NO.1

刚开始先喂一种咀嚼型食物，尝试3天左右，如果宝宝排出的粪便正常，再换另一种。尽量不要一份食物混合多种食材，以免孩子对某一种食物产生不适的时候，不容易找到不适的源头。

NO.2

粗中有细，细中有粗。不要为了锻炼宝宝牙齿的咀嚼能力，就光做那些粗糙的需要咀嚼的食物。应该搭配着给孩子喂食，粗糙的食物和精细的合理搭配。

NO.6

这时候宝宝可以自己用手拿东西吃了，虽然拿的动作很不美。当宝宝自己伸手抓东西吃的时候，父母千万不要离开，应该在一旁看着，注意观察孩子有没有被咀嚼型食物噎到，以便既培养孩子自主吃饭的能力，又可以保护孩子的安全。

NO.3

宝宝适应一种咀嚼型食物的硬度、大小、形状之后，逐渐改变食物的硬度、大小、形状。这样可以训练孩子的颌骨，也可以训练宝宝的舌头、牙齿和口腔之间的配合，为说话做准备。

6. 牙齿发育期的喂养指南

1

喂的时候要注意，不要让宝宝经常含着食物

有的宝宝吃着吃着，就默默含着饭菜久久不吞下去，这也是个不好的举动。若是宝宝经常这样做，牙齿和口腔内残留的食物渣势必就会增加，由此产生的细菌也会增多，对牙齿的威胁也同样加剧。出现此现象也许是因为宝宝不爱吃这种食物，或者进餐时注意力不集中，家长在旁边要积极鼓励宝宝将食物咽下，可尝试做大动作的示范，让宝宝模仿。

2

最好就不要让宝宝再用奶瓶喝奶了

训练宝宝使用杯子喝牛奶，以免萌出的牙齿经常浸泡在甜甜的奶液中，产生蛀牙。此外，宝宝用奶瓶喝奶，姿势、奶瓶的位置以及奶嘴的大小不合适，这些都有可能造成孩子上下牙弓咬合不良，出现俗称的"龅牙"这种问题，影响孩子的颜面美观程度。因此在宝宝牙齿发育期的时候，让宝宝逐渐改掉用奶瓶喝奶的习惯，使用杯子喝奶，这件事很有必要。

3

睡前不要让孩子喝奶、喝果汁

孩子有了牙齿，牙齿处于关键的发育期，假如还经常无节制地让孩子睡觉前喝奶、喝果汁，宝宝牙齿和口腔内残留的奶液和果汁将会一整晚发酵，奶的糖分加剧孩子蛀牙的可能性，果汁的残留物产生酸性物质，损害牙齿釉。

4

注意引导孩子进食举止

这时期的孩子，进餐的时候吃吃玩玩的现象很是常见。如，在玩的时候抓东西吃，躺着吃，边吃边玩杯碗汤匙。如果父母看到宝宝进食的时候出现这种不正确的举动，要及时引导孩子调整。不过孩子方才1~1.5岁，姿势和举止不会做得很好，只要稍加引导即可，不要强求宝宝进餐的时候做得像大人一样正确完美。

5

喂辅食的时候，引导孩子动牙咀嚼食物，养成细嚼慢咽的好习惯

牙齿处于发育期，孩子势必不能也不该再像以前一样对食物不多加咀嚼就吞下喉咙，否则不仅仅因缺乏必要的咀嚼行为影响咀嚼肌的发育，影响牙齿的健康发育和颌骨的正常发育，还会因咀嚼型食物没有得到该有的咀嚼，噎到孩子。

7. 咀嚼型食物的烹调方法

1 尽量最大限度地留住食物的营养

比如，蔬菜洗了之后再开切，能手撕的话最好用手撕，而且最好旺火急炒或者慢火煮，这样蔬菜里面的维生素C损失少。又比如，水果吃时再削皮，防止水溶性维生素溶解在水中，或者在空气中氧化。

2 不要像以前一样将食物捣烂或者捣得太碎，破坏食物的嚼劲

为了宝宝在1~1.5岁的时候，牙齿和身体得到适宜的发育，我们给宝宝做的咀嚼型食物就起码要符合"咀嚼"这两个字的意义要求。因此，这时期给宝宝做的时候不要捣烂或捣得太碎，应该按照宝宝的实际情况，适当地撕小块一点，大小和软硬程度都要能让1~1.5岁宝宝的牙齿和肠胃接受。

3 除少部分食物之外，最好都用蒸和煮的方式料理宝宝的食物

蒸和煮这两种方式通常比较温和，营养又比较容易让人体吸收，因此对此时处于牙齿发育期的1~1.5岁的孩子仍然是很适宜的料理方式。

8. 牙齿发育期添加辅食的注意事项

1 避免喂食太多含酸性食物，免得腐蚀牙釉质、牙齿。

2 避免宝宝进食太多过甜的食物，以免牙齿和口腔粘附的糖分过多，引起蛀牙问题，损坏牙齿。

3 不要经常给宝宝喂食一种或几种食物。这样做，不知不觉很容易引起孩子反感，以后会咀嚼食用这些食物。此外，经常喂食一种或几种食物，还容易造成有的营养过剩、有的营养缺乏这种营养不平衡的问题。

4 喂食要适量，不宜过多，不宜过少。喂食过多，一方面孩子牙齿虽然已经发育，且需要进行咀嚼运动，但一下子给孩子喂食太多粗糙的辅食，孩子可能会咀嚼得不充分，消化不良；另一方面孩子吃辅食过饱，乳类食物就难以进食，营养可能吸收不够。此外，喂食过少，孩子又没有得到很好的咀嚼练习。

5 辅食不要料理得太精细和太粗糙。太精细，孩子没有进行咀嚼练习，牙齿发育会有所滞后和不良；太粗糙可能会被噎到，还可能引起消化不良。水果类可以稍硬一些，菜类、主食类软些。

9. 咀嚼型食物的种类和食谱

宝宝乳牙萌出已经接近三分之二，萌出的牙齿如同一把把新的刀和斧子，需要磨砺和养护。显而易见的是，咀嚼型食物很适合磨砺和养护牙齿，因此赶紧来认识认识咀嚼型食物的种类，动手试试适合这个时期宝宝的营养食谱吧。

谷类及薯类食物

谷类所包含的B族维生素外层比里面丰富，因此宜粗细粮搭配着吃。此外，谷类含有的蛋白质缺乏某种必需氨基酸，不如动物性蛋白质好，因此应该与其他类食物（如豆类、蔬菜、动物性食品）一起搭配，提高蛋白质的质量。

豆类及其制品

豆类蛋白含量高，堪称动物蛋白较好的替代品。不过要注意，豆类的微量元素含量不如肉类含量多，如果经常用豆类及其制品替代肉类，会造成孩子营养不均衡，因此还是适当喂食动物性食物。

蔬菜和水果

对于牙齿处于发育期的宝宝而言，蔬果的膳食纤维具有很好的嚼劲，有助于孩子咀嚼，也可以帮助肠胃蠕动，促进食物消化和吸收，防治便秘。因此，在这个阶段，父母可以将水果切成薄片，让孩子自己拿着咬着吃。

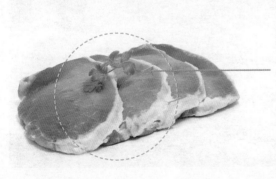

动物性食物

动物性食物尤其是肉类通常富有嚼劲，很适合牙齿处于发育期的孩子食用。不过，除了注意软硬程度之外，还要考虑到动物性食物脂肪含量高，进食太多会影响钙的吸收，不利于牙齿和骨骼的成长。

DIY 宝宝辅食营养食谱

难易度：★ ☆ ☆　　烹饪时间：37分钟

烹饪方法：煮

苹果梨香蕉粥

原料：水发大米80克，香蕉90克，苹果75克，梨60克

制作方法

1. 洗好的苹果切开，去核，削去果皮，切成片，改切成条，再切成小丁块。
2. 洗净的梨去皮，切成薄片，再切粗丝，改切成小丁。
3. 洗好的香蕉剥去皮，把果肉切成条，改切成小丁块，剁碎，备用。
4. 锅中注入适量清水烧开，倒入洗净的大米，拌匀。
5. 盖上锅盖，烧开后用小火煮约35分钟至大米熟软。
6. 揭开锅盖，倒入切好的梨、苹果，再放入香蕉。
7. 搅拌片刻，用大火略煮片刻。
8. 关火后盛出煮好的水果粥，装入碗中即可。

营养分析

香蕉、苹果、梨这三种水果都富含膳食纤维，能促进消化，调理肠胃，使大便易于排出。这三者集合，既能满足牙齿所需的营养，又能满足牙齿所需要的咀嚼运动，还防止孩子因还不太适应咀嚼型食物而引起的消化不良、便秘等问题。

POINT： 香蕉本身比较软，不应该过早放，否则香蕉烂得太厉害，影响口感。

营养分析

蛤蜊含有碘、钙、磷、铁，黄豆含有水溶性纤维。这道菜既满足宝宝牙齿发育期所需营养素，也能防止消化不良的出现。

难易度：★★☆　　烹饪时间：30分钟

烹饪方法：煮

黄豆蛤蜊豆腐汤

原料： 水发黄豆95克，豆腐200克，蛤蜊200克，姜片、葱花各少许

调料： 盐2克，鸡粉、胡椒粉各适量

制作方法

1. 洗净的豆腐切成条之后再切成小方块。

2. 将蛤蜊打开，洗净，备用。

3. 锅中注入适量清水烧开，倒入洗净的黄豆。

4. 盖上盖，用小火煮20分钟，至其熟软。

5. 揭开盖，倒入豆腐、蛤蜊，放入姜片。

6. 加入适量盐、鸡粉，搅匀调味。

7. 盖上盖，用小火再煮8分钟，至食材熟透。

8. 揭开盖，撒入胡椒粉搅拌均匀。

9. 关火后盛出煮好的汤料，装入碗中，撒上葱花即可。

POINT: 蛤蜊买回家之后，放在装水的盆里，加点盐养两到三个小时，能吐出泥沙。另外清洗蛤蜊时，将其放在水龙下冲洗，这样能更有效地清除残余的泥沙。

难易度：★ ☆ ☆

烹饪时间：1小时3分钟

烹饪方法：煮

红薯小米粥

原料： 红薯150克，小米100克
调料： 白糖20克

制作方法

1. 砂锅中注水烧开，加入去皮洗净切好的红薯。
2. 放入泡好的小米，拌匀。
3. 加盖，用大火煮开，然后转小火续煮1小时，至食材熟软。
4. 揭盖，加入白糖，拌匀至溶化。
5. 关火后盛出煮好的粥，装碗即可。

营养分析

小米含有蛋白质、脂肪、碳水化合物、胡萝卜素、铁、钾等矿物质，有效防止消化不良，因此可以放心让孩子食用。

难易度：★ ☆ ☆

烹饪时间：5分钟

烹饪方法：煮

猪血豆腐青菜汤

原料： 猪血300克，豆腐270克，生菜30克，虾皮、姜片、葱花少许
调料： 盐2克，鸡粉2克，胡椒粉、食用油各适量

制作方法

1. 豆腐切小方块，猪血切小块备用。
2. 锅中注入适量清水烧开，倒入备好的虾皮、姜片，再倒入切好的豆腐、猪血，加入适量盐、鸡粉搅拌均匀。
3. 盖上锅盖，用大火煮2分钟，揭开锅盖，淋入少许食用油，放入洗净的生菜拌匀。
4. 撒入适量胡椒粉搅拌均匀，至食材入味。
5. 盛出煮好的汤料，装入碗中，撒上葱花即可。

营养分析

猪血含有蛋白质、维生素C、铁、磷、钙、烟酸等营养成分，是理想的补血食品。

难易度：★★☆　　烹饪时间：47分30秒

烹饪方法：煮

鹌鹑蛋猪肉白菜粥

原料： 大白菜100克，瘦肉70克，熟鹌鹑蛋130克，水发大米150克，姜丝、葱花各少许

调料： 盐3克，鸡粉3克，芝麻油3毫升，食用油适量

1. 将大白菜切成粗丝，瘦肉切成丁。

2. 把瘦肉丁装碗，加入少许盐、鸡粉拌匀入味，淋入少许食用油，腌渍约10分钟。

3. 砂锅中注水烧开，倒入洗净的大米，放入少许食用油，轻轻搅拌几下。

4. 盖上盖子，用大火煮沸后转小火煮30分钟至米粒熟软。

5. 揭开盖，下入姜丝，倒入腌渍好的瘦肉丁，拌煮至转色。

6. 倒入备好的熟鹌鹑蛋、白菜丝，拌匀搅散，加盖，用小火续煮约15分钟至食材熟透。

7. 取下盖子，搅拌几下，再放入鸡粉、盐调味，淋入少许芝麻油拌匀。

8. 关火后盛出煮好的粥，装在汤碗中，撒上葱花即可。

营养分析

白菜营养丰富，含钙又含磷，而且所含的膳食纤维可以锻炼咀嚼，又有助于通便。此外，给宝宝经常食用，还有效防治宝宝牙齿出血。

POINT： 鹌鹑蛋煮熟后，用凉开水浸泡一下，就会很容易剥去蛋壳。

难易度：★★☆　　烹饪时间：47分钟
烹饪方法：煮

芝麻猪肝山楂粥

原料：猪肝150克，水发大米120克，山楂100克，水发花生米90克，白芝麻15克，葱花少许
调料：盐、鸡粉各2克，水淀粉、食用油各适量

制作方法

1. 将山楂去除果核，切成小块备用；洗好的猪肝切成薄片。

2. 把猪肝片装入碗中，放入少许盐、鸡粉、水淀粉，拌匀上浆，再注入适量食用油，腌渍约10分钟，至其入味。

3. 砂锅注水烧开，倒入洗净的大米拌匀，撒上洗净的花生米拌匀。

4. 盖上盖，煮沸后用小火煮约30分钟，至食材熟软，倒入切好的山楂，撒上白芝麻拌匀。

5. 再盖好盖，用小火续煮约15分钟，至食材熟透。

6. 取下盖，放入腌渍好的猪肝，拌煮至变色。

7. 加入少许盐、鸡粉，拌匀调味，用中火煮一会儿，至米粥入味。

8. 盛出煮好的猪肝粥，装入汤碗中，撒上葱花即成。

营养分析

猪肝含有丰富的维生素A，维生素A可以维持全身上皮细胞的完整，还可以增强宝宝的抵抗力。缺乏维生素A，不仅影响宝宝牙釉质细胞发育，使牙齿变成白垩色，还会使宝宝牙齿萌出的时间延迟。

POINT：猪肝是猪的排毒系统，会有毒素堆积，因此在加工做菜之前，最好将猪肝在水龙头下冲洗5～10分钟，然后用盐水浸泡半个小时左右。

难易度：★☆☆
烹饪时间：11分钟
烹饪方法：蒸

清香肉末蒸冬瓜

原料： 冬瓜片200克，肉末50克，蒜末、姜末、葱花各少许

调料： 盐3克，料酒3毫升，生抽5毫升

制作方法

1.将肉末放碗中，淋上生抽、料酒，加盐，撒上姜末、蒜末，拌匀，腌渍约10分钟待用。

2.取一蒸盘，放入冬瓜片，摆放整齐，再倒入腌渍好的肉末，铺开待用。

3.备好电蒸锅，烧开后放入蒸盘。加盖，蒸约8分钟，至食材熟透。

4.断电后揭盖，取出蒸盘，趁热撒上葱花即成。

营养分析

冬瓜含有较多的蛋白质，与肉组合，味道清香，激发宝宝的食欲，同时有益于加强宝宝的牙齿咀嚼能力。

难易度：★★★
烹饪时间：3分30秒
烹饪方法：煎

土豆胡萝卜菠菜饼

原料： 胡萝卜70克，土豆50克，菠菜65克，鸡蛋2个，面粉150克

调料： 盐3克，鸡粉2克，芝麻油2毫升，食用油适量

制作方法

1.菠菜、土豆、胡萝卜切成粒。

2.锅中注水烧开，加少许盐，倒入切好的食材煮沸，捞出待用。

3.鸡蛋打入碗中，加少许盐、鸡粉，放入备好的食材搅匀，倒入面粉搅匀，淋入芝麻油，拌成面糊。

4.煎锅中注油烧热，倒入面糊摊成饼状，煎至成型，至散发香味即可。

营养分析

土豆的营养成分全面，营养结构也很合理，胡萝卜是益智明目的好食物，菠菜能够补铁补血，三种食材做成的面饼营养价值很高。

PART 7

1.5～3岁牙齿成熟期
全面型食物

宝宝1.5～3岁了，这时几乎所有的乳牙都已经萌出，乳牙进入成熟期，孩子不但可以自己吞咽食物，摄食的技巧也慢慢显得有模有样。这时候比起咀嚼型食物，孩子更需要营养全面的全面型食物。

1. 1.5~3岁孩子的生理特点

1.5~3岁，孩子可以走了、可以跑了、可以跳了，牙齿也进入了成熟期，能吃的食物越来越丰富了，快来了解一下这个时期孩子的生理特点，为他合理安排饮食。

体格	身高大约90厘米，体重大约13千克，脑重约为1000克左右，大脑皮层基本分化，呼吸频率为每分钟24次，睡眠时间为每天13小时左右。
大脑发育	能模仿大人画出线条、圆圈等简单的图形，并解释自己的画。也能够玩一些简单的拼插玩具。能记好形象的具体的事物，但不善于记抽象事物。
行为	能够拉着玩具倒退着走、跨越障碍走路、用手投掷物品、翻书等。
语言能力	能够理解简单的问题，能够听从父母的要求去做，表达能力提高，词汇量迅速增加，大约会说50个以上的单字或词，能够用两三句短语来和大人对话，也能听懂大人更为复杂的语言指令。
器官	明显的发育变化，牙齿基本上萌出了20颗。
心理	越来越表现出独立性，喜欢干什么都自己来，情绪波动比较大。

2. 牙齿成熟期的辅食添加原则

NO.1

食材要新鲜、鲜嫩，否则即使制作出来的食物很美味，宝宝也可能出现腹泻、呕吐等不适的反应，继而造成宝宝对这类食物反感。

NO.2

单独制作宝宝的食物，现吃现做，不要喂剩菜剩菜。食材也要新鲜。

NO.3

孩子不适应时要立刻停止吃这种食品。检查孩子对这种食物是否过敏；如果是食物做的太粗糙，那就先缓一下，慢慢让孩子适应。

NO.4

这时候的辅食可以适当放调味品，尽量使辅食变得更加可口美味，不然有可能影响孩子的味觉。

NO.5

不能强迫进食。宝宝不愿意吃某种食品的时候，不要强行逼迫他吃，可以改变方式。比如，在宝宝饥饿的时候让他吃，让他慢慢爱上这种食品。

NO.6

让宝宝吃辅食的时候，要营造一个愉快的环境，让宝宝爱上辅食。否则宝宝就有可能会记住这样的氛围，误以为吃辅食就会不愉快，进而对辅食产生排斥心理。

3. 牙齿成熟期的喂养指南

1.

让孩子自主试着挑粮食。一方面有意识地继续锻炼孩子的动手能力，一方面锻炼孩子各肢体的灵活性。此外，还可以观察孩子是否有偏食挑食的习惯，以便及早给予矫正。

2.

让孩子进一步学习正确的进餐姿势。进餐的时候不要疯闹、不要经常说话、不要经常拿着筷子或者汤匙玩饭和菜。可以试着与孩子同桌吃饭，为孩子做良好示范，一家人全都好好吃饭的话，孩子也会乖乖听话。

3.

可以让孩子自己试着拿汤匙和筷子吃。不过要注意，不可觉得油漆筷子颜色漂亮，孩子易于接受，就让孩子使用油漆筷子。油漆属于大分子有机化学涂料，按照其种类不同，分别含有氨基、苯、铅等有害成分，尤其是硝基在人体内一旦和氮质产物结合，就会成为强烈致癌的牙酸铵类物质，严重损害孩子的健康。而孩子各方面的器官承受能力都比大人要弱，他们会对这些化学物质特别敏感。

4

让孩子开始学习按时、有规律地吃饭，逐渐摆脱全天候、不分时间、毫无规律进餐的习惯。孩子想要吃零食的时候，不要因为心疼孩子饿而乱给，告诉孩子马上就要吃饭了，免得被零食喂饱而对主食不感兴趣。

5

让孩子渐渐学会适量进餐，不暴饮暴食，也不吃太少。父母如果看见孩子一个劲地吃，肚子很饱了，还是要吃，这时候要及时用玩具或者其他活动转移孩子的注意力，耐心地告诉孩子吃多了，肚子会不舒服，不能够强行抢走孩子正在吃的食物，也不能呵斥他，以免留下不良的进食体验，影响下次进餐。另外，发现孩子吃一两口就不要了，父母既不能由着孩子任性，也不能不由分说地强行逼着孩子吃，应该先找出孩子吃的少的原因，再耐心解决。

4. 牙齿成熟期食物的烹调方法

1 食物不要油炸

油炸食物通常很香，这使得人们常常无法抗拒。但是油炸产生的高温经常破坏食物所包含的营养，甚至带来一些有害的物质。大人经常吃油炸食物也是很有害的，更何况才1.5～3岁的孩子。

2 食物不要腌制

腌制的食物，口味一般都不错，深受男女老少的喜欢。适当吃可以调节口味，增强食欲，但进食太多或者经常食用，对人体是很有害的。首先，腌制食物本身所包含的营养成分被流失、被破坏得较多，经常食用必然导致营养缺乏。例如，经常食用腌制的蔬菜，久而久之就会缺乏维生素C。其次，腌制食品一般都会放过量的盐，而钠盐含量超标，会加重肾脏的负担，提高患高血压的风险。此外，盐含量过高还会严重损害胃肠道黏膜，容易患上胃肠炎症和溃疡等疾病。最后，腌制食品腌制得不好，会产生致癌物质亚硝酸胺，诱发癌症，让生命备受威胁。因此，不但孩子食用一点点腌制食品纯当提高食欲即可，大人也不要经常食用腌制食品。

3 不要经常放醋

有的父母很习惯在菜里面放点醋提味，或者希望孩子多喝点醋，增强食欲的同时，有效预防感冒。但其实孩子经常喝醋或者喝了过量的醋是很有危害的，过量的醋会导致他们的食道受损，给肠胃带来刺激。

4 尽量避免带色素的食物或饮料

带色素的食物或饮料如浓茶、酱油、巧克力、果汁等，这类食物中的色素残留在牙齿表面，久而久之，造成外源性色素沉积，这些色素沉积进入牙齿深层甚至能使牙齿发暗变黑。为了让你的小宝贝能长一口健康漂亮的牙齿，家长们在给孩子喂食时就尽量减少或避开这种食物。

5. 全面型食物的种类和食谱

这个时期的孩子牙齿咀嚼能力已经接近成熟，饮食也渐渐全面丰富起来，但这个时候，孩子的食物依然不能大意，不能因为孩子大了就乱吃，不仅要全面均衡，更要控制质与量。

谷类及薯类食物

这类食物里面的碳水化合物含量高，要注意摄取的度。孩子过量摄取这类食物，碳水化合物会转化成脂肪，让孩子过于肥胖。如果缺乏这类食物，碳水化合物摄入过少，孩子又会全身无力、疲乏、营养不良。

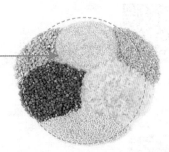

豆类及其制品

蛋白质多吃可以让孩子健脑益智，提高记忆力。豆类所含的蛋白质含量高、质量好，是最好的植物蛋白。假如担心孩子过于肥胖，又担心孩子营养会跟不上，可以用豆类及其制品代替一定的动物性食物。

动物性食物

需注意孩子不宜多吃动物肝肾。肝组织具有通透性高的特点，血液中的大部分有毒物都能进入肝脏。另外，肾和肝还含有特殊结合蛋白，能吸引毒素。因此，动物肝肾里的有毒物质和其他化学物质往往是肌肉中的好几倍。

蔬菜和水果

蔬果的表皮很容易有农药残留，处理的时候要注意清理干净。而且，水果从冰箱拿出来给孩子吃的时候，要注意检查水果温度对孩子来说是否太冷了。孩子的抵抗力还不如大人，吃进冰冷的食物很容易引起腹泻、腹痛等问题。

油脂

让孩子摄取油脂是很有必要的。但油脂也要适量摄取，不能因为害怕孩子摄取太多油脂影响体内钙的吸收，引起肥胖就拼命让孩子少吃油脂或者不吃油脂。

DIY 宝宝辅食营养食谱

难易度：★☆☆　　烹饪时间：5分钟

烹饪方法：拌

三色拌菠菜

原料： 水发粉丝200克，菠菜150克，鸡蛋60克，姜末、蒜末各少许

调料： 盐3克，鸡粉3克，陈醋7毫升，芝麻油、食用油各适量

制作方法

1.鸡蛋打入碗中调匀，制成蛋液待用；粉丝切成段，菠菜去除根部，切成小段。

2.煎锅上火，倒入少许食用油烧热，放入蛋液摊开、铺匀至其呈薄饼的形状，小火煎至蛋皮熟透，凉后切成细丝待用。

3.锅中注入适量清水烧开，加入少许盐、鸡粉，再淋入适量食用油，放入切好的粉丝焯烫一会儿捞出待用。

4.再放入切好的菠菜搅匀，煮约1分钟至其变软，捞出沥干水分待用。

5.取干净的碗倒入菠菜、粉丝，撒上蒜末、姜末，放入蛋皮丝。加入适量盐、鸡粉，倒入少许陈醋，淋入适量芝麻油。

6.搅拌一会儿，至食材入味，摆好盘即成。

营养分析

鸡蛋含有维生素、矿物质、蛋白质，和含有丰富植物粗纤维和胡萝卜素的菠菜同食，可以为孩子补充充足的营养，保护视力，预防贫血和营养不良。

POINT： 可以加入少许水淀粉搅蛋液，能够使炒好的蛋皮色泽更通透，增加宝宝食欲。

营养分析

南瓜有助于孩子眼睛的正常发育、皮肤和指甲的健康。此外，南瓜所含的果胶还可以保持胃肠道黏膜免受粗糙食品的刺激。

难易度：★★★　　烹饪时间：2分钟
烹饪方法：蒸、煎

南瓜坚果饼

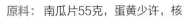

原料：南瓜片55克，蛋黄少许，核桃粉70克，黑芝麻10克，软饭200克，面粉90克
调料：食用油适量

制作方法

1. 蒸锅上火烧开，放入装有南瓜的小碟子，加盖，用中火蒸约15分钟，至南瓜熟软。

2. 揭下盖子，取出蒸好的南瓜放凉，将放凉的南瓜改切成细条，再切成小丁块。

3. 取一个干净的碗，倒入备好的软饭，搅拌几下至其松散。

4. 放入南瓜丁，搅拌几下，再撒上核桃粉拌匀，放入备好的黑芝麻拌匀，倒入蛋黄搅拌几下。

5. 最后放入面粉搅拌匀，至面粉起劲，即成面粉饭团。

6. 煎锅注油烧热，倒入搅拌好的饭团，摊开压平，制成饼状，用小火煎一会，至其呈焦黄色。

7. 翻转饭团，再煎一会至两面熟透，关火后盛出煎好的南瓜饼，放在盘中放凉，切分成小块，摆好即可。

POINT： 拌面粉时，淋入少许清水，能使拌好的面团更有韧劲，煎的时候也更方便。

难易度：★☆☆　　烹饪时间：1分30秒

烹饪方法：炒

鲜虾炒白菜

原料：虾仁50克，大白菜160克，红椒25克，姜片、蒜末、葱段各少许

调料：盐3克，鸡粉3克，料酒3毫升，水淀粉、食用油各适量

制作方法

1.将大白菜、红椒切成小块。

2.洗净的虾仁由背部切开去除虾线。

3.将虾仁装入碗中，放入少许盐、鸡粉、水淀粉抓匀，再倒入适量食用油，腌渍10分钟至入味。

4.锅中注入适量清水烧开，放少许食用油、盐，倒入大白菜，煮半分钟至其断生，捞出待用。

5.用油起锅，放入姜片、蒜末、葱段爆香，倒入腌好的虾仁炒匀，淋入料酒炒香，放入大白菜、红椒，拌炒匀。

6.加入适量鸡粉、盐炒匀调味，倒入适量水淀粉勾芡，将炒好的材料盛出，装入盘中即可。

POINT：虾仁要用大火快炒，若火候太小，炒熟的虾肉就会失去弹性和鲜嫩的口感。

营养分析

白菜是营养极其丰富的蔬菜，可以通利肠胃、清热解毒、止咳化痰、利尿养胃。其所含的丰富膳食纤维能够促进肠壁蠕动，稀释肠道毒素。常常食用白菜可以增强人体抗病能力和降低胆固醇，还能防治牙齿出血，更有利于宝宝咀嚼。

难易度：★ ☆ ☆　　烹饪时间：1分30秒

烹饪方法：炒

白萝卜丝炒黄豆芽

原料： 白萝卜400克，黄豆芽180克，彩椒40克，姜末、蒜末各少许

调料： 盐4克，鸡粉2克，蚝油10克，水淀粉6毫升，食用油适量

制作方法

1.将白萝卜切成丝，彩椒切粗丝。

2.锅中注水烧开，加入2克盐，放入洗净的黄豆芽搅匀煮约半分钟，再倒入白萝卜丝搅拌匀，煮约1分钟，倒入彩椒丝，拌匀略煮一会儿。

3.捞出焯煮好的食材，沥干水分待用。

4.用油起锅，放入姜末、蒜末爆香，倒入焯煮好的食材，翻炒匀，加入少许盐、鸡粉、蚝油炒匀调味。

5.倒入适量水淀粉，快速翻炒一会儿，至食材熟透、入味，关火后盛出炒好的食材，装入盘中即可。

POINT： 白萝卜有点辛辣，可能会刺激孩子的肠胃，先用水焯一下，可以消除辣味。

营养分析

白萝卜能够促进新陈代谢、增进食欲、化痰清热、帮助消化，对孩子痢疾、头痛、排尿不利等症都有很好的食疗效果。与黄豆芽一起炒，富含丰富的维生素C、微量元素锌和淀粉酶，能够促进脂肪的吸收，对孩子的生长发育和大脑发育极为有益。

难易度：★★★　　烹饪时间：22分钟

烹饪方法：炖

西红柿土豆炖牛肉

原料：牛肉200克，土豆150克，西红柿100克，八角、香叶、姜片、蒜末、葱段各少许

调料：盐3克，鸡粉2克，生抽12毫升，水淀粉10毫升，料酒10毫升，番茄酱10克，食粉、食用油各适量

制作方法

1. 土豆切成丁，西红柿切成小块，牛肉切成丁。

2. 将牛肉丁装入碗中，加入少许食粉、生抽、盐拌匀，淋入适量水淀粉拌匀，加入少许食用油腌渍10分钟。

3. 锅中注水烧开，倒入牛肉丁煮沸，氽去血水。

4. 把氽煮好的牛肉丁捞出，沥干水分待用。

5. 用油起锅，放入姜片、蒜末、葱段，加入八角、香叶翻炒香，倒入氽过水的牛肉丁，翻炒几下。

6. 淋入食材料酒炒匀，倒入适量生抽翻炒片刻，放入切好的西红柿、土豆翻炒匀。

7. 加入少许盐、鸡粉，注入适量清水，倒入番茄酱炒匀，加盖，用小火炖20分钟至全部食材熟透。

8. 揭盖，大火收汁，淋入适量水淀粉炒匀，盛出装盘即可。

营养分析

牛肉可以为孩子补充优质的蛋白质，其所含的锌元素可以维持孩子正常的味觉、嗅觉功能，促进孩子的食欲，提高孩子的免疫力。西红柿的维生素C含量丰富，不仅生津止渴，还能健胃消食、养血补血。另外，西红柿包含一种称为"烟酸"的东西，能维持胃液的正常分泌，促进红细胞生成，保护血管和皮肤，有利于孩子的生长发育。

难易度：★☆☆

烹饪时间：14分钟

烹饪方法：煮

金针菇蔬菜汤

原料：金针菇30克，香菇10克，上海青20克，胡萝卜50克，清鸡汤300毫升

调料：盐2克，鸡粉3克，胡椒粉适量

制作方法

1.上海青切成小瓣，胡萝卜切片，金针菇切去根部备用。砂锅中注入适量清水，倒入鸡汤，加盖，用大火煮至沸。

2.揭盖，倒入金针菇、香菇、胡萝卜、上海青，加盖，续煮10分钟至熟，加入盐、鸡粉、胡椒粉拌匀。

3.关火后盛出煮好的汤料，装入碗中即可。

营养分析

金针菇有补肝、易肠胃、抗癌的功效，可以防治肝病、肠胃病，促进宝宝新陈代谢，有利于食物中各种营养素的吸收和利用。

难易度：★★★

烹饪时间：9分30秒

烹饪方法：煮

芝麻核桃面皮

原料：黑芝麻5克，核桃20克，面皮100克，胡萝卜45克

调料：盐2克，生抽2毫升，食用油2毫升

制作方法

1.将胡萝卜切成丝，面皮切成小片。烧热炒锅，倒入核桃、黑芝麻炒出香味盛出。

2.取榨汁机，把核桃、黑芝麻倒入杯中，将核桃、黑芝麻磨成粉末倒入盘中。

3.锅中注水，倒入胡萝卜，烧开后用小火煮至其熟透，揭盖，把胡萝卜捞去，留胡萝卜汁，放入适量盐、生抽、食用油，煮沸。

4.倒入面皮煮熟，盛出，撒上核桃黑芝麻粉即可。

营养分析

黑芝麻富含蛋白质、铁、钙、磷、维生素、亚油酸等成分，经常给孩子食用，可以补脑、增强孩子的记忆力。

难易度：★☆☆　　烹饪时间：42分钟

烹饪方法：煮

松子玉米粥

原料：玉米碎100克，松子10克，红枣20克
调料：盐2克

制作方法

1. 砂锅中注入适量清水，用大火烧开。
2. 放入洗好的红枣。
3. 转中火，将玉米碎倒入锅中，用锅勺搅拌匀。
4. 盖上锅盖，烧开后用小火煮30分钟。
5. 揭开锅盖，放入松子再盖上盖，续煮10分钟至食材熟透。
6. 揭开锅盖，放入适量盐拌匀调味。
7. 起锅，将做好的松子玉米粥装入碗中即成。

POINT： 孩子吃的玉米最好不要买超市的罐装玉米粒，而是自己选购新鲜的甜玉米，掰成玉米粒。松子含有大量的油脂，本身就有润肠的效果，经常腹泻的孩子不应该吃太多松子。

营养分析

玉米含有蛋白质、矿物质、胡萝卜素、维生素E等，有开胃益智、宁心活血、调理中气等功效，还能降低血脂、降血糖，适合糖尿病患者食用。松子富含蛋白质、脂肪、维生素A、维生素E、钙和磷等多种营养元素，能促进孩子各种系统和器官的发育，有益于大脑和神经系统的发育，还可以促进孩子骨骼的生长发育。

核桃中的磷脂对孩子的脑神经发育具有很好的保健作用，孩子经常食用，既能够强身健体，又能够补充大脑营养。

难易度：★★☆　　烹饪时间：2分钟

烹饪方法：炒

山药木耳核桃仁

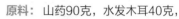

原料： 山药90克，水发木耳40克，西芹50克，彩椒60克，核桃仁30克，白芝麻少许

调料： 盐3克，白糖10克，生抽3毫升，水淀粉4毫升，油适量

制作方法

1.山药切成片，木耳切成小块，彩椒切小块，西芹切小块。

2.锅中注水烧开，加入少许盐、食用油，倒入山药搅散煮半分钟。

3.加入切好的木耳、西芹、彩椒，再煮半分钟。

4.将锅中食材捞出，沥干水分备用，用油起锅，倒入核桃仁，炸出香味。

5.把核桃仁捞出，放入盘中，与白芝麻拌均匀。

6.锅底留油，放入适量白糖，倒入核桃仁翻炒均匀，把锅中食材盛出，装入碗中，撒上白芝麻拌匀。

7.热锅注油，倒入焯过水的食材翻炒匀。

8.加入适量盐、生抽、白糖，炒匀调味，淋入少许水淀粉快速炒匀。

9.盛出锅中的食材，装入盘中，放上核桃仁即可。

POINT： 山药切好后用淡盐水泡一会儿，能很好去除山药上的黏液。核桃火气大，含油脂多，吃多了会上火恶心，正在上火、腹泻的孩子不宜多吃。

难易度： ★ ☆ ☆
烹饪时间： 1分钟
烹饪方法： 拌

蜜柚苹果猕猴桃沙拉

原料： 柚子肉120克，猕猴桃100克，苹果100克，
巴旦木仁35克，枸杞15克
调料： 沙拉酱10克

制作方法

1.洗净的猕猴桃去皮，切成瓣，再切成小块；苹果去核，切成瓣，再切成小块；将柚子肉分成小块。
2.把处理好的果肉装入碗中。
3.放入沙拉酱，搅拌均匀。
4.加入巴旦木仁、枸杞。
5.搅拌一会儿，使食材入味。
6.将拌好的水果沙拉盛出，装入盘中即可。

营养分析

苹果有润肠、安眠养神、益心气、消食化积等功效，同时可以有效消灭传染性病毒、治疗腹泻、预防蛀牙。

难易度： ★ ☆ ☆
烹饪时间： 2分钟
烹饪方法： 榨汁

菠萝甜橙汁

原料： 菠萝肉100克，橙子150克

制作方法

1.将处理好的菠萝切开，再切成小块。
2.洗净的橙子切开，再切成瓣，去除果皮，将果肉切成小块。
3.取榨汁机，选择"搅拌刀座"组合，倒入切好的菠萝、橙子。
4.倒入适量纯净水，盖上盖子。
5.选择"榨汁"功能，榨取果汁。
6.揭开盖，将榨好的果汁倒入杯中即可。

营养分析

橙子营养十分丰富，所含的纤维素和果胶可以促进孩子肠道蠕动，有利于清肠通便，非常适合在干燥的秋冬之际给孩子食用。

难易度： ★★☆　　**烹饪时间：** 1分30秒

烹饪方法： 炒

佛手瓜炒鸡蛋

原料： 佛手瓜100克，鸡蛋2个，葱花少许
调料： 盐4克，鸡粉3克，食用油适量

制作方法

1. 洗净去皮的佛手瓜对半切开，去核再切成片。
2. 鸡蛋打入碗中，加入少许盐、鸡粉，用筷子搅匀。
3. 锅中注入适量清水烧开，放入适量盐，淋入少许食用油。
4. 再倒入切好的佛手瓜，搅拌匀，煮1分钟，至其八成熟。
5. 将焯煮好的佛手瓜捞出，沥干水分备用。
6. 用油起锅，倒入蛋液，快速翻炒匀。
7. 倒入焯过水的佛手瓜，加入适量盐、鸡粉翻炒均匀。
8. 倒入备好的葱花。
9. 快速翻炒匀，炒出葱香味。
10. 关火后盛出炒好的食材，装入盘中即可。

营养分析

鸡蛋富含优质的蛋白质、维生素A、卵磷脂等营养素，能够润肺利咽、清热解毒、护肤美肤，适合体质虚弱、营养不良、贫血的孩子食用。最重要的是，鸡蛋还可以健脑益智、改善记忆力、增强孩子肝脏的代谢解毒功能。

POINT：鸡蛋炒至稍微凝固时就倒进佛手瓜，放得太晚，鸡蛋容易炒老。 对孩子的智力发育和身体发育而言，每天一个鸡蛋很有裨益。

PART 8

4~7岁学龄前期
均衡型食物

学龄前儿童生长发育旺盛，合理补充营养是关键。而均衡的膳食能给宝宝提供热能和多种营养素，让孩子健康快乐地成长！

PART 8

1. 学龄前儿童 发展特征

什么是学龄前儿童？

不同的国家对学龄前儿童的划分不同，一般是指5～6岁尚未达到入学年龄的儿童。从年龄划分上来看，主要是指3周岁以后至6～7岁入小学以前。有时也将入小学以前所有年龄段的儿童都视作是学龄前儿童。

婴儿期	幼儿期	学龄前期	学龄期	少年期/青春期
1～12个月	1～3岁	3岁至6～7岁入小学前	6～12岁	13～18岁

学龄前儿童的特征是什么？

学龄前期，宝宝成长速度很快，外表和心理都会产生巨大的变化。充分了解他们身心发展的特征，适时根据他们的实际情况调整培养方式，有利于对宝宝的教育，也为他将来的发展做好准备。

那么，这一时期的宝宝们都有什么不一样的表现呢？

1

生长发育快，体格特征变化明显。刚生下的宝宝其实不是特别好看，眼睛睁不开，鼻子是扁平的，两颊也不对称，皮肤很薄，几乎可以看到血管中血液的流动，还有可能看见一些青紫的斑点，抱在怀里软哒哒的。但是过了不久，妈妈们就会惊奇地发现：宝宝变漂亮啦！事实证明，宝宝的成长真的是飞快，他开始学习说话、走路，在语言方面开始展现惊人的天赋，自我意识越来越强，体格越来越强壮，一系列的巨大变化让满心关爱的父母惊喜不已。

2

宝宝大脑发育日趋完善，智力发育很快，语言能力逐渐凸显。学龄前儿童的大脑发育接近成人，与外界接触日趋增多，开始对世界充满了好奇与疑问。这时期的孩子还很喜欢模仿成人，又喜欢用语言表达自己的情感，爱自言自语和问问题。趁此机会，父母应该多培养宝宝爱学习的习惯。

3

学龄前儿童具有很高的可塑性。爸爸妈妈对宝宝的影响很大，宝宝开始有道德意识、美丑意识和理智感，性格逐渐养成，模仿力强，可塑性高，应当及时、恰当地利用这个特点培养他们积极的道德感、坚韧的心理素质和生活习惯。

4

宝宝对"新世界"的认知逐渐变化，社交能力有一定的发展。宝宝这时候很贪玩，喜欢在玩耍过程中模仿周围的世界，比如"办家家酒"。2岁前的儿童社交因子刚形成，可能会喜欢一个人玩儿，并且总是想要抢占自己心仪的东西，尚缺乏与他人平等沟通的技巧。但在他们2岁以后，就能逐渐地与别人交往，还懂得讨父母的开心。年龄越大，这种社交行为就越出色，与周围其他孩子的相处融洽起来，富有创造力并且相互影响。

5

这一阶段，宝宝的抗病能力比较弱，容易被传染或者因病毒感染而生病。同时，宝宝好奇心强，喜欢问问题，求知欲望强烈，喜欢去"探险"，但是缺乏自我保护意识，也没有足够的能力和社会经验去保护自己，容易发生危险。

药水

学龄前是一个非常关键的阶段，宝宝的大脑及神经系统迅速成长发育。宝宝接触的事物越多，神经系统就越发达。同时由于身体代谢迅速旺盛，宝宝对营养的需求非常大，而身体机能却尚未完全发育成熟，就会很容易出现营养不良的问题。

学龄前儿童活泼爱动、喜欢模仿，具有很大的可塑性，正是培养良好生活习惯和道德品质的重要时刻。及时给宝宝成长提供足够的营养，帮助建立起良好的饮食习惯，对未来的发展大有裨益！

2. 均衡饮食的重要性

什么是均衡饮食

　　膳食必须符合个体生长发育和生理状况等特点，含有人体所需要的各种营养成分，含量适当，全面满足身体需要，维持正常生理功能，促进生长发育和健康，这种饮食称为"均衡饮食"。长期坚持均衡饮食能够保持健康，有助于预防慢性疾病。

均衡饮食对宝宝的重要性

　　营养与健康有密切的联系，是健康的根本。国际营养学把营养定义为：有关生命物生长，维持和修复整个生命体或其中一部分过程的总和。

　　从宝宝开始孕育的那一刻起，就要开始汲取各种营养素，每一个阶段身体发育的特点不同，对营养的需求也就不同。学龄前儿童生长发育旺盛，特别需要全面、均衡的营养。均衡的膳食能全面提供热能和各种营养素，相互配合而不失协调，保障人体供需之间的平衡。地中海饮食法是许多营养学家公认的世界最健康的饮食方式之一。它崇尚天然简单、清淡却富含营养，遵循的是少肉、高纤维、低盐原则，可以让孩子远离疾病，更加健康地成长。

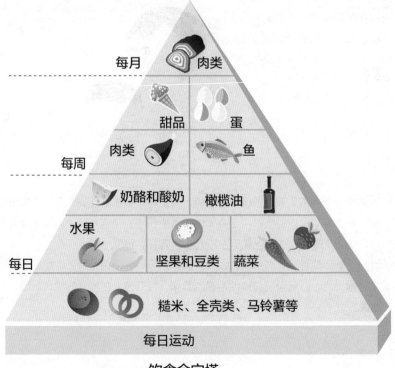

饮食金字塔

3. 学龄前期儿童饮食要点

饮食关系着每一个人的健康问题，我国营养学会提出了膳食指南应该遵循的原则是：

食物要多样，饥饱要适当

油脂要少量，粗细要搭配

饮酒要节制，三餐要合理

食盐要限量，甜食要少吃

食物多样化
膳食合理化
营养均衡化

具体到学龄前儿童方面需要注意的饮食要点有哪些呢？

1 均衡营养，膳食结构科学化、合理化

粗细、荤素合理搭配，保持食材的新鲜和多样化，重视食物的色香味，不仅可以提高宝宝进食的兴趣，而且还可以保证每天的营养需求。

2 培养宝宝吃早餐的习惯，提高早餐质量

早餐能够让宝宝获得足够的热能和蛋白质，经常吃早餐的宝宝体形和智力发育明显优于其他宝宝。早餐的质量也很重要，可以选择鸡蛋、牛奶、馒头、芝麻酱、米饭、小菜等。

3 培养宝宝良好的饮食卫生习惯

不偏食、不挑食，按时吃饭，饭前饭后勤洗手，营造整洁、舒适的进餐环境。

4 蛋白质和水分的补充不可缺少

多给宝宝喝水，重视蛋白质的质量，但不宜吃高脂肪的食物和加工过的果汁、碳酸饮料等。

5 注重对维生素和矿物质的补充

生长发育期的宝宝对矿物质和维生素的需求很大，补充不及时易患各种营养缺乏症。食物中的矿物质、维生素等营养成分丰富多样，在日常饮食中，要增加对富含维生素和矿物质的蔬菜的摄取。

4. 学龄前期儿童的饮食恶习及对策

学龄前儿童饮食的六大恶习

1 暴饮暴食 ✗

这是学龄前儿童的一种饮食极端现象。很多父母认为宝宝能吃是福，吃得多的就是好孩子，而忽视了宝宝暴食背后的原因。宝宝因肠胃弱、营养失衡和气候湿热等原因引起的肠胃疾病都会造成暴食，通常表现为呕吐、腹胀、胸闷、厌食。

2 蹲食 ✗

很多孩子受到父母或风俗的影响，喜欢蹲着吃饭。其实，这是一种不良的饮食习惯。蹲着吃饭会使腹部收到挤压，造成胃肠不能正常蠕动，影响对食物的消化。而且蹲着会使身体受到压迫，血液循环不畅，削弱胃肠消化能力。此外，蹲着吃饭也是很不卫生的，各种寄生虫、病毒会进入口中，引发腹泻、痢疾等疾病。

3 嗜咸 ✗

宝宝吃饭的口味是随父母的，如果父母偏嗜味重的食物，就会传染给宝宝。然而，研究表明，高盐饮食会使口腔唾液减少，抑制黏膜上皮细胞的繁殖或者是杀死呼吸道上正常的寄生菌，利于各种病菌和病毒的生存，抗病能力削弱，易感染上呼吸道疾病。

4 挑食、偏食、厌食 ✗

学龄前儿童偏食的比例高达30%，孩子吃饭慢、吃得少、偏好某种食物、对食物不感兴趣等。中国饭桌，很常见的现象就是父母连哄带骗地强迫孩子进食，长此以往只会造成孩更加厌恶某种食物。

5 边吃边玩儿，或者是边吃边看电视 ✗

宝宝年龄小，爱玩是天性，但是在吃饭时边看电视或者边玩儿会分散注意力，并且机械地咀嚼食物也不利于胃肠吸收，时间久了就会造成营养不良。

6 不吃早餐 ✗

有些父母自己有不吃早餐的习惯或者是由于时间来不及就随便准备早饭。一天之计在于晨，早餐质量关系到宝宝智力发展，不吃早餐会使人的血糖低于正常供给，影响思维和情绪。

改善学龄前儿童饮食恶习的方法

1 改善宝宝饮食恶习，父母应以身作则

很多父母自身就有很多饮食上的问题，如不吃早餐、挑食、蹲食、爱吃咸食等，这个年龄的孩子模仿力很强，很容易跟着父母"有样学样"，因此，要想改善宝宝的饮食习惯，父母家人应该首先以身作则。

2 餐前给孩子留出充足的时间去玩儿，改掉边吃边玩儿的习惯

尽量避免在有电视的地方进餐；餐前最好给宝宝留出充足的时间去玩儿，也可以在开饭前就提醒宝宝要收拾玩具或者帮忙摆放餐具，宝宝一般都很乐意帮妈妈这种"小忙"的。

3 让孩子体验饥饿感，提升他们吃饱之后的满足感和幸福感

父母爱孩子无可厚非，但对孩子饮食过度关注，担心他们吃不好、吃不饱，威逼利诱什么方法都用，只会加剧这种现象。不如，退而求其次，暂时不理他们，饿了他们就会明白食物的珍贵。

4 食材换一换，身体更健康

饮食结构过于单一，食材长期单调、乏味，孩子难免会没有胃口，久之就会让身体的免疫力下降。经常给宝宝准备一些不一样的食物，增加宝宝吃饭的兴趣，让宝宝爱上那些他不喜欢的食物。

5 改善烹调方式，注意搭配食物的色香味

宝宝挑食或者是偏食，有时可能是食物的味道不对胃口。适当改善食物烹调方式，如蒸、煮、炒、炸、焖、烧等等，既能让宝宝吃到美味，又能保持食物营养不丢失，可谓是一箭双雕。

6 营造良好的饮食环境

温暖、舒服的饮食环境是饮食的基本条件，宝宝进餐的环境很重要，父母不应在吃饭时呵斥或者是指责他们，以保持愉快的心情专心进食。同时，也可以经常举办一些家庭聚餐，在和乐、幸福的环境下，宝宝自然吃饭香。

5. 学龄前儿童适宜的食材和食谱

学龄前儿童正处在生长发育的旺盛时期，饮食结构的安排基本接近成人，但饭量与成人相比还是略少，若宝宝有偏食、挑食等饮食恶习，可能还会造成营养吸收、利用率降低，妨碍宝宝健康成长。因此，必须要保证优质蛋白质和各种营养素的全面补给。

想获得宝宝成长所需的全部营养素，就要摄取多种多样、营养价值高的食物。尤其要特别注意膳食的均衡，尽量做到食材多样化，粗细、荤素交替搭配，还要软硬适中。

新鲜蔬菜和水果

1 蔬果是人体无机盐的重要来源，还含有钙、钾、磷、镁、锌等营养物质，能为宝宝的骨骼生长和免疫力提高提供坚实的保障。

2 蔬果还能为人体提供糖类、碳水化合物及有机酸等物质，能提供人体必需的热量。

3 合理摄取蔬果，不仅能促进新陈代谢，还能调节机体酸碱平衡，维持正常生理活动的运转。

5 蔬果中的膳食纤维可以刺激胃肠蠕动和消化液的分泌，有助于人体对食物的消化吸收，还能减少胆固醇的吸收、预防便秘。

4 蔬果中的芳香物质，如葱、蒜等不仅可以形成可口的饭菜，还能杀菌和防治疾病。

> **Tips** 深色蔬菜的营养价值一般优于浅色蔬菜，主要包括深绿色、黄色、红色、紫红色蔬菜。常见的深色蔬菜有菠菜、胡萝卜、空心菜、西兰花、番茄、红辣椒、紫甘蓝等，深绿色蔬菜含有较多的维生素A和维生素C，但同时，由于宝宝需要全面的营养，单纯吃任何一种蔬菜都不可能达到这一要求，所以只有合理、巧妙搭配，坚持食用多品种、多颜色的蔬菜才能确保营养均衡。

田园蔬菜沙拉

原料: 生菜180克,黄瓜110克,圣女果80克

调料: 山核桃油10毫升,盐1克,白糖2克

制作方法

1.洗好的圣女果对半切开。

2.黄瓜洗净切片。

3.洗净的生菜切成块,备用。

4.取餐盘,将圣女果摆在四周,待用。

5.取碗,倒入切好的生菜。

6.放入黄瓜片。

7.加盐、白糖、山核桃油,拌匀,使入味。

8.将拌好的食材倒在圣女果上即可。

营养分析

黄瓜、生菜和圣女果搭配,不仅色泽好看、味道鲜美,还能健胃消食、滋润皮肤、提高机体免疫力。

香葱苦瓜圈

原料: 苦瓜200克,蛋液70毫升,面粉85克,葱花少许

调料: 盐5克,孜然粉2克,生粉、芝麻油、食用油各适量

制作方法

1.面粉倒入碗中,倒入蛋液。

2.加盐,撒少许葱花。

3.加孜然粉、芝麻油、清水,搅匀。

4.洗净的苦瓜切圈,去籽。

5.装入碗中,放3克盐,加水拌匀,腌渍30分钟。

6.在苦瓜上撒生粉,待用。

7.起油锅,苦瓜裹上面糊,放入烧热的油锅炒熟,捞出,沥干油分。

8.装入盘中即可食用。

营养分析

苦瓜含有蛋白质、维生素C等成分,具有清心明目、抗病毒等作用,经常食用可增强免疫力。

食物多样，以谷类为主

谷类营养是我们膳食生活中最基本的营养需要。谷类食物是人体最主要、最经济的热能来源，可为儿童提供碳水化合物、蛋白质、膳食纤维和B族维生素。

七种常见的谷类食物的营养价值

1 粳米 具有养阴生津、除烦止渴、健脾胃、补中气、固肠止泻的功效。煮粥时上面的米汤、粥油有补虚之功效，适宜产妇、儿童消化力减弱、脾胃虚弱、烦渴、营养不良、病后体虚、老年人体虚、高热、久病初愈者。

2 玉米 磷、维生素B_1的含量居谷类食物之首，具有调中开胃、益肺宁心、清湿热、利肝胆、延缓衰老等功效，是减肥、降压降血脂、增强记忆力、抗衰老、明目的佳选。

4 糯米 温补脾胃，缓解气虚引起的盗汗、劳动损伤、气短乏力等，适合贫血、腹泻、脾胃虚弱、神经衰弱者，不适宜腹胀、咳嗽、发热患者。

3 小米 具有健脾、和胃、助睡等功效。蛋白质、脂肪、铁和维生素的消化吸收率高，是幼儿的营养佳品。适合脾胃虚弱、反胃呕吐、体虚、精血受损、食欲缺乏等患者，对缓解精神压力、紧张、乏力等也有很大的作用。

5 黑米 健脾开胃、补肝明目、滋阴补肾、抗衰美容、益气补虚、防病强身、促进骨骼和大脑发育。黑米还能清除自由基，能改善缺铁性贫血。

6 小麦 中国人膳食生活中的主食之一，有养心神、生津止汗、养心益肾、镇静益气、健脾厚肠、除热止渴的功效。适合心血不足、心悸不安、失眠多梦、脚气病、体虚、盗汗、多汗、自汗者。

7 燕麦 健脾、益气、补虚、止汗、养胃、润肠。燕麦还能增强体力、改善血液循环、缓解生活压力、延年益寿。

小麦红豆玉米粥

原料： 水发小麦80克，水发红豆90克，水发大米130克，鲜玉米粒90克

调料： 盐2克

制作方法

1.砂锅中注水烧开，倒入洗净的大米。

2.放入洗好的玉米。

3.再放入洗净的小麦、红豆，搅拌均匀。

4.盖上盖子，用大火烧开。

5.转小火续煮约40分钟，至食材熟透。

6.揭盖，放入少许盐，拌匀调味。

7.关火后，将煮好的粥盛出，装入碗中即可。

营养分析

小麦含有淀粉、蛋白质、钙、铁、维生素A、硫胺素、核黄素、烟酸等成分，有帮助消化、刺激肠胃蠕动、助睡眠等作用。

无花果红薯黑米粥

原料： 红薯300克，水发大米170克，水发黑米70克，无花果35克

制作方法

1.将洗净的红薯切厚块。

2.再切条形，改切成小块，备用。

3.砂锅注水烧热，倒入洗净的无花果，搅拌匀。

4.倒入洗净的大米、黑米，搅拌匀，至米粒散开。

5.煮沸后用小火煮约30分钟，至米粒变软。

6.揭盖，倒入红薯丁，搅拌匀；用小火续煮10分钟，至食材熟透。

7.揭盖，搅拌匀，再煮片刻。

8.关火后盛出煮好的粥，装入碗中即可。

营养分析

红薯含有蛋白质、淀粉、果胶、纤维素、维生素及多种矿物质，有保护心脏、改善造血功能的作用。

常吃鱼、禽、蛋、瘦肉、奶等优质蛋白的食物

动物性食物中含有优质的蛋白质，是维生素A、维生素D及铁、锌等矿物质等的良好来源。建议多采用蒸、煮、炖、煨等烹调方法。

1 肉类 铁元素的利用率比较高，鱼类特别是海产鱼含有的不饱和脂肪酸有利于儿童神经系统的发育。

2 肝脏 含有丰富的维生素A、维生素B_2、叶酸等，含铁量也比较丰富。

荷香糯米蒸排骨

原料： 干荷叶1张，排骨3根，糯米150克，香菇8个

调料： 葱、姜、生抽、老抽、料酒、盐、糖、鸡粉各适量

制作方法

1. 糯米提前浸泡8小时，干荷叶洗净浸泡2小时以上，香菇浸泡2小时。

2. 排骨洗净斩成小段，加姜片、葱段、生抽、料酒、盐、糖、鸡粉腌渍2小时。

3. 泡好的香菇切片，与糯米一起放入腌渍好的排骨中，拌匀。

4. 放入泡好的荷叶中，放进蒸锅，大火蒸1小时即可。

麻油猪肝

原料： 猪肝120克，老姜片、葱花各少许

调料： 盐、鸡粉、黑芝麻油、水淀粉、米酒、食用油各适量

制作方法

1. 猪肝洗净切片，加盐、鸡粉、米酒、水淀粉、食用油腌制。

2. 起油锅，爆香老姜片，放入猪肝片，翻炒使肉质松散，放入少许米酒。

3. 加盐、鸡粉、黑芝麻油炒香。

4. 关火后，盛出炒好的菜肴，撒上葱花即可。

3 蛋奶类

动物蛋白的氨基酸组合更适合人体需要，是优质蛋白质和钙的最佳来源。另外，维生素A、B$_2$的含量也很高。牛奶制品中的碘、锌和卵磷脂能提高大脑的工作效率，镁元素可以促进心脏和神经系统的耐疲劳性，而且还能缓解儿童营养不良症、预防龋齿。妈妈应鼓励宝宝每天喝300～400毫升的鲜牛奶。

4 大豆及其制品

豆类及豆类制品中的蛋白质含量很高，营养价值接近动物性蛋白，是最好的植物蛋白。黄豆可健脾、益气、润燥、补血、降低胆固醇、利水抗癌。黄豆中的各种矿物质对缺铁性贫血者有益，促进酶的催化、激素分泌和新陈代谢，适合高血压、冠心病、动脉硬化、气血不足、营养不良、癌症等患者。

黑芝麻牛奶面

原料： 素面100克，黑芝麻、牛奶各适量
调料： 盐、蜂蜜各少许

制作方法

1. 黑芝麻洗净沥干。
2. 放入热锅中炒熟。
3. 盛入臼杵中捣碎，放碗中待用。
4. 将牛奶倒入碗中，加盐、蜂蜜拌匀。
5. 滤出芝麻牛奶汁。
6. 锅中注水烧开，下素面煮开，捞出过凉。
7. 放在碗中，倒上芝麻奶汁即可。

茄汁黄豆

原料： 黄豆150克，西红柿95克，香菜12克，蒜末少许
调料： 盐、生抽、番茄酱、白糖、食用油各适量

制作方法

1. 洗净的西红柿切瓣，再切成丁。
2. 洗好的香菜切末。
3. 锅中注水烧开，倒黄豆，加盐，煮1分钟。
4. 捞出黄豆，沥干，待用。
5. 起油锅，爆香蒜末，倒入西红柿翻炒片刻。
6. 将黄豆翻炒匀，加清水、盐、生抽、白糖。
7. 盛出炒好的食材，撒上香菜末即可。

PART 9

营养缺乏症的
宝宝食谱

宝宝长身体的重要时期，需要全面、均衡的补充营养，缺乏任何一种都会引起宝宝身体不适的！那么，怎么做才能让宝宝拥有一个健康、强壮的好身体呢？营养学专家建议，宝宝补充营养，日常饮食是关键！

1. 婴幼儿常见的 营养缺乏症

　　宝宝出生28天~1周岁为婴儿期，1~3周岁为幼儿期。婴幼儿时期是宝宝出生后生长发育最快的时期，智力、体力与免疫力都处在非常重要的发展阶段，需要摄入大量的营养物质，才能促进宝宝的生长发育，保证足够的体力与脑力健康成长。而父母此时又往往容易对孩子溺爱，不懂得正确的儿童喂养方法，养成孩子挑食、厌食的坏习惯，导致宝宝发育不良、贫血、免疫力低下、肥胖症等一系列因喂养不当或者营养失衡而产生的营养缺乏症。

3种常见的婴幼儿营养缺乏症

营养不良

由于缺乏合理喂哺、搭配膳食的科学方法，宝宝长期饮食不当，食物不能充分吸收利用，导致蛋白质摄入不足，热能缺乏，不能维持正常代谢，出现体重减轻或不增，生长发育迟缓、停滞等症状，甚至会严重影响宝宝学龄前的生长发育。这种症状又被称作是蛋白能量不足性营养不良，俗称"奶痨"，多见于3岁以下儿童。

佝偻病

维生素D缺乏性佝偻病是婴幼儿常见症状，属于慢性营养性疾病，占总佝偻病的95%以上。最主要的原因是维生素D摄入不足，致使婴幼儿骨骼发育畸形。虽然甚少直接危及生命，但因发病缓慢，易被忽视，且发病时会产生肺炎、腹泻、贫血及其他并发症，我们更应该重视。

贫血

缺铁性贫血（IDA）是婴幼儿最常见的一种贫血，其发生的根本原因在于体内铁元素的缺乏。在我国，2岁以下儿童的发病率达到了10%~48.3%，患者常有心悸、软弱无力、气急、食欲差、不愿活动、精神不振或者易烦躁、哭闹、头晕、眼前发黑、耳鸣等症状，严重贫血者有心脏扩大、心脏功能不全等现象。这种病症也会导致婴幼儿免疫力低下，容易合并感染，危害较大，是我国重点防治的小儿疾病之一。

宝宝营养素缺乏警示信号表

缺乏营养素	警示信号
钙	牙周病、焦虑不安、骨质疏松
铁	食欲不振、手脚冰冷、记忆衰退、贫血、反应慢、烦躁、易腹泻、骨质疏松
锌	肌肤干燥、头发毛躁；易患呼吸道感染、口腔溃疡等疾病；骨质疏松、外伤伤口不易愈合
碘	学习能力差、肥胖、记忆力差
镁	肌肉抽搐、骨质疏松、出现定向障碍
维生素A	夜晚视力减弱、肌肤干燥、视力衰退、牙周病、健忘、头发毛躁、出现多种皮肤色斑
维生素B$_1$	缺乏食欲、易怒、易疲乏、头痛、精神不济，严重的还会呕吐、腹泻、体重下降、声音嘶哑
维生素B$_2$	口角发生乳白色糜烂、裂口和出血，伴随疼痛感和灼热感、喉咙疼、干涩难受，精神不济
维生素B$_6$	嘴角干裂、眼睛周围发炎、四肢麻木抽筋、肌肤干燥、视力衰退、反应迟钝、头痛、焦虑不安
维生素B$_{12}$	视力衰退、焦虑、头痛、胳膊和大腿酸痛、嘴感觉酸痛、行走困难、四肢感觉发麻、贫血
维生素C	皮肤上经常出血点、肌肤干燥、牙周病、抵抗力下降、经常患呼吸道疾病、流鼻血、关节痛、伤口愈合慢
维生素D	牙周病、关节肿大、骨质疏松、鸡胸、罗圈腿
维生素E	肌肤干燥、牙周病、健忘、手脚冰冷、肩膀酸痛；早产或出生体重较轻的婴儿可能出现贫血
烟酸（维生素B$_3$）	口臭、口腔溃疡、牙龈酸痛、食欲减退、眩晕

　　儿童从呱呱坠地到长大成人，这期间需要经历各个不同的成长阶段，在不同的时期内，对营养素的摄入也是有不同要求的。父母应该多了解食物中不同的营养素，再根据孩子各阶段的成长特点，来为他们提供营养健康的饮食。

2. 食材巧搭保健康 补锌食谱

1 锌的功效

锌是人体内必需的微量元素之一，有"生命之花"之称。它是体内200多种酶以及 DNA、RNA的组成成分，是生长发育的必需物质，对于伤口愈合很重要。它还能保护神经系统和大脑的健康，特别是对成长中婴幼儿的骨骼和牙齿的形成、头发的生长等大有帮助。

2 补锌的重要性

锌能够促进人体的生长发育和组织再生，维持正常味觉和正常性发育，与免疫功能、头发、骨骼、皮肤正常生长息息相关。缺锌会直接导致婴幼儿免疫力低下，影响其生长发育，造成宝宝身材矮小、智力发育不良等严重后果。据统计，我国少年儿童的缺锌率高达60%，因此，补锌对于中国孩子来说非常重要。如果你的孩子开始不爱吃饭、不分季节不明原因地经常生病，还经常被学校流感痢疾等群发病感染，那么很有可能是缺锌了。

3 缺锌的原因

1 锌摄入不足

这是婴幼儿锌缺乏的主要原因。婴幼儿生长发育快，对营养物质的需求量相对较高，而宝贝在父母的溺爱之下很容易养成偏食、挑食的习惯，从而导致锌的摄入量不足。对动物性食物摄入不足、经常吃加工过细的谷物，都会带来锌的缺失。

2 锌吸收障碍

慢性腹泻、消化功能紊乱会阻碍锌的吸收。需要注意的是，有些父母会给孩子喂食牛奶，其含锌量与母乳虽然很相似，但吸收率却差了很多，所以，经常喂养牛奶的婴幼儿更容易缺锌。

3 锌丢失过多

锌的丢失通常是由于宝宝的反复出血、溶血、蛋白尿、长期出汗等造成的。

4 缺锌的症状和危害

▶ 食欲不振，消化功能减退，味觉敏感度降低，宝宝有厌食、挑食现象，少数孩子甚至出现异食癖，喜欢吃泥土、纸片、污物等奇怪的东西。

▶ 细胞新陈代谢缓慢，影响骨骼发育，宝宝生长停滞或性成熟延缓，头发稀疏、枯黄、干燥，身材矮小等。

▶ 免疫功能受损，宝宝免疫力下降，抵抗力差，易患感染性疾病，如经常感冒发烧，易患上呼吸道感染、支气管肺炎，易出汗等。

▶ 智力发育受阻。锌的缺失使脑细胞中的DNA和蛋白合成发生障碍，宝宝有多动症、注意力不集中、记忆力差、学习能力下降等症状。

▶ 口腔溃疡反复发作，舌苔常出现一片片舌黏膜剥脱，状若地图，俗称"图舌"，或是外伤伤口愈合速度减缓，妈妈就要检查一下宝贝是否缺锌了。

▶ 孩子视力下降，引发夜视困难、近视、远视、散光等。

▶ 血清锌偏低，血液检查时血清锌值往往在11.47umol/L以下。

5 哪些婴幼儿容易缺锌？

1 母亲在孕期摄锌不足的婴幼儿

母亲孕期的营养摄入对婴幼儿的影响非常关键，按照美国锌供给标准，孕期母亲每日的摄锌量不能少于20毫克。孕妇如果不注意进食含锌丰富的食物，重视锌的吸收与存储，就势必导致宝宝出生后容易出现缺锌症状。

2 早产儿

孕期最后一个月对胎儿至关重要，是宝宝从母亲那里储备锌元素的最佳时机，如果胎儿早产，极有可能会导致锌缺乏。

3 非母乳喂养儿

妈妈的乳汁是宝宝最好的营养品，富含多种活性抗菌物质及活的免疫细胞，其锌的含量和吸收率超过牛奶等任何非母乳食品，所以以母乳喂养的婴幼儿不易缺锌，相反其他非母乳喂养儿缺锌的可能性相对较高。

4 以植物性食品为主食的婴幼儿

有些孩子从小偏食，喜食素食类食品，拒食肉食、牛奶等，很容易导致缺锌。这些动物性食品的含锌量多且吸收率高，远优于植物性食品，所以要引导孩子多摄入肉类、蛋禽、海产品等食物。

6 补锌的误区

锌是人体内不可或缺的微量元素，对婴幼儿的健康成长有着重要的作用。补锌是时下的热门话题，大多数父母都非常关注对孩子的补锌。然过犹不及，许多家长盲目地对孩子补锌，缺乏科学有效的方法，效果甚微。常见的补锌误区有：

✗ 盲目听从广告宣传对孩子补锌

有些父母受广告宣传的影响，认为孩子挑食、厌食、不爱吃饭、注意力不集中等都是缺锌，因此直接买来各种锌剂给孩子进补。事实上，在孩子没有诊断锌缺乏病之前，是不需要预防性补充锌剂的，只要合理膳食结构，及时给宝宝添加辅助食物，就能很好地满足人体对锌的需求。

✗ 多种元素一起进补

很多家长喜欢买补钙锌合剂或者钙铁锌合剂，认为可以一次同时补充多种必需元素，既方便又快捷。国际医学界在研究中发现，服用钙、铁、锌复合剂时，会降低钙的吸收，并且铁和锌几乎不被吸收。正确的进补方法是饭前补锌，饭后半小时补钙，二者至少要间隔两小时。父母在选择补锌产品时一定要慎重，最好选择有针对性的补锌产品。

✗ 补了总比不补好

许多家长为避免宝宝出现发育迟缓、智力低下等问题，非常重视对孩子补锌，甚至孩子一出生就开始补锌。然而锌的摄入也并非是越早越好、越多越好。专家认为如果补锌过多，可能会影响其他微量元素的吸收，导致缺铁性贫血。人体需要多种微量元素，这些元素之间也需要平衡，任何一种的缺失都会引起人体的疾病。

✗ 缺了再补

很多家长认为孩子没有出现缺锌症状，没有必要进补。再或者是家长一看孩子没有缺锌症状后立马停止进补。实际上，如果孩子长期处于"低锌"，也会影响智力及生长发育的。

总之，要明确孩子是否缺锌才能进补，最好是去医院做化验，再结合临床症状、膳食情况等再考虑补锌。

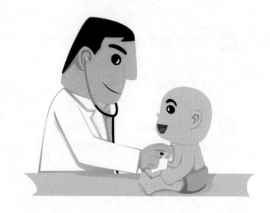

7 补锌的方法

 食补 适用情况：日常饮食、轻微缺锌时。

食补是最好的进补方法，也是补锌的最佳途径，既方便有效，又不易发生中毒，即使摄入量稍微多了一些，也可以依靠机体的调节系统，减少消化道的吸收或者增加排泄而达到平衡。平时多鼓励孩子进食含锌丰富的食物，如粗面粉，豆腐等大豆制品，牛、羊肉、鱼、瘦肉、花生、芝麻、奶制品、海鲜等食物。同时，还要培养孩子不挑食、不偏食的好习惯，均衡膳食，粗细杂粮混合搭配，这样孩子完全可以从食物中摄取足量的锌元素。

药补 适用情况：经医院确诊为明显缺锌或严重缺锌的婴幼儿。

宝宝缺锌严重时，可在医生指导下给予硫酸锌糖浆或葡萄糖酸锌等制剂。

硫酸锌：最早用于临床，但缺陷较多，过度使用会导致较重的消化道反应，如恶心、呕吐，甚至胃出血。

葡萄糖酸锌：有机锌，有轻度的胃肠不适应感，饭后服用可以消除，婴儿可溶于果汁中。

锌酵母：是目前最为理想的补锌药剂，生物工程技术生产的纯天然制品，锌与蛋白质结合，生物利用度高，口感较好，孩子更乐于接受。

> **♥ 小贴士**
>
> 补锌用药时间一般不可超过2~4个月，复查正常后要及时停药。且锌的有效剂量与中毒剂量差异甚小，使用不当易导致中毒，引发缺铁、缺铜、贫血等一系列症状。

8 补锌的食物和食谱

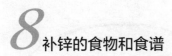 **补锌**的食物

补锌的食物有很多，从属性上可分为两大类：动物性食品、植物性食品。

● **动物性食品**：动物来源的食品，包括畜禽肉、蛋类、水产品、奶及其制品。据统计，每100克动物性食品中含锌量约3~5毫克。

畜禽肉：牛、样、猪等的瘦肉，或者是动物类的肝脏，都含丰富的锌元素。

蛋类：主要是鸡蛋、鸭蛋、鹅蛋。

水产品：鱼、虾、蟹、贝类、海藻等，其中牡蛎是含锌量最高，为食物之冠。

奶及其制品：营养丰富，易消化吸收，食用价值很高，经常被用来替代母乳。

● **植物性食品**：水果、蔬菜等可以直接或间接食用的植物为植物性食品。富含锌的植物性食品有豆类、花生、小米、萝卜、芹菜、土豆、大白菜，水果有苹果、香蕉等。

难易度：★ ☆ ☆
烹饪方法：炒
烹调时间：1分30秒

炒蛋白

原料：鸡蛋2个，火腿30克，虾米25克
调料：盐少许，水淀粉4毫升，料酒2毫升，食用
　　　油适量

制作方法

1. 将火腿切片，再切成丝，改切成粒。
2. 洗净的虾米剁碎。
3. 鸡蛋打开，取蛋清，加入少许盐、水淀粉。
4. 用筷子打散，调匀。
5. 用油起锅，倒入虾米，炒出香味。
6. 下入火腿，炒匀，淋入适量料酒，炒香。
7. 将炒好的食物盛出装碗即可。

营养分析

鸡蛋含有蛋白质、卵磷脂、核黄素、钙、磷、锌、铁等物质，对大脑和身体发育很有帮助，还能提高记忆力，很适合儿童食用。

难易度：★ ★ ★
烹饪方法：蒸
烹调时间：10分钟

虾米花蛤蒸蛋羹

原料：鸡蛋2个，虾米20克，蛤蜊肉45克，葱花少许
调料：盐、鸡粉各1克

制作方法

1. 取一个大碗，打入鸡蛋，倒入洗净的蛤蜊肉、虾米；加入少许盐、鸡粉，快速搅拌匀。
2. 注入适量温开水，快速搅拌匀，制成蛋液；取一个蒸碗，倒入调好的蛋液，搅匀。
3. 蒸锅上火烧开，放入蒸碗，盖上锅盖，用中火蒸约10分钟至蛋液凝固。
4. 揭开锅盖，去除蒸碗，撒上葱花即可。

营养分析

补锌益智、理气开胃，让宝宝更高、更壮！

难易度：★★☆
烹饪方法：煮
烹调时间：47分钟

鸡肝粥

原料：鸡肝200克，水发大米500克
调料：盐1克，生抽5毫升，姜丝、葱花各少许

制作方法

1.洗净的鸡肝切条。

2.砂锅注水，倒入泡好的大米，拌匀；用大火煮开后转小火续煮40分钟至熟软。

3.揭盖，倒入切好的鸡肝，拌匀；加入姜丝，拌匀。

4.放入生抽、盐，拌匀；稍煮5分钟至鸡肝熟透。

5.揭盖，放入葱花，拌匀。

6.关火后盛出煮好的鸡肝粥，装碗即可。

营养分析

鸡肝含有蛋白质、维生素、钙、磷、铁、锌等营养物质，非常适合儿童，能为其视力的正常发育发挥积极的作用。

难易度：★★☆
烹饪方法：炒
烹调器具：3分钟

莴笋炒瘦肉

原料：莴笋200克，瘦肉120克
调料：盐、鸡粉、白胡椒粉各适量，葱段、蒜末各少许，料酒、生抽、水淀粉、芝麻油、食用油各适量

制作方法

1.将去皮洗净的莴笋、瘦肉切成丝；加入少许盐、料酒、生抽拌匀；放入白胡椒粉、水淀粉、食用油，拌匀并腌渍一会儿，待用。

2.起油锅，倒入腌渍好的肉丝，翻炒至断生；撒上葱段、蒜末，倒入莴笋丝；加少许盐、鸡粉，注入适量清水；用淀粉勾芡，淋入芝麻油。

3.关火后盛入盘中即可。

营养分析

锌在瘦肉中含量较高，而且瘦肉中蛋白质水解后的氨基酸还能促进锌的收与利用。

3. 食材巧搭保健康 补铁食谱

1 铁的功效

铁是人体必需的、含量最多的微量元素，也是人体造血合成血红蛋白最重要的元素，参与血蛋白、细胞色素、各种酶的合成及人体中氧的携带和运输的整个过程，对人体免疫系统有重要的影响。缺铁性贫血会让人脸色枯黄，皮肤失去光泽，同时还会产生小细胞性贫血、免疫功能下降、新陈代谢紊乱等症状。

2 补铁的重要性

铁是婴幼儿成长发育过程中必需的元素。妈妈孕期的缺铁性贫血，会致使胎儿宫内缺氧，生长发育受阻，甚至在宝宝出生后，还会影响智力发育，易患营养性缺铁性贫血。而微量元素铁的缺乏还会导致小宝宝体内血红蛋白无法形成，红细胞减少，出现小儿贫血等。同时，铁元素为肌红蛋白和人体内100多种酶的组成成分，能够满足小儿体内正常新陈代谢的需要。缺铁的宝宝情绪波动较大，脑组织和神经组织髓鞘的结合变慢，智力发育受阻，对孩子的正常成长危害很大，因此，对于婴幼儿来说，补铁非常重要。

3 缺铁的原因

1 妈妈孕期铁元素储备不足

孕期的妈妈是宝宝的能量储存库，也是新生儿铁元素供给的主要来源。正常情况下，宝宝刚出生时体内贮存的铁元素应该能保证出生后4~6个月的造血需求。妈妈孕期如果对铁元素摄入不足，没有足够的铁贮存在宝宝的肝内，就会导致宝宝出生后的缺铁性贫血。

2 宝宝出生后铁的摄入量不足

新生儿的食物以乳类制品为主，这些食物的含铁量普遍较低。据统计，100毫升母乳中含铁量约1毫克，而牛奶等的含铁量仅0.1~0.5毫克，吸收利用率又低，宝宝很容易发生缺铁性贫血。

3 宝宝生长发育快

新生儿成长速度惊人，血容量增加快，铁的需求量比较大，易出现铁元素供不应求的情况，体内营养元素失衡，极有可能造成宝宝缺铁。

4 宝宝体内铁元素损耗过多

宝宝对牛奶制品过敏、胃肠疾病、慢性感染等都会影响铁的吸收，导致宝宝缺铁。

5 宝宝膳食的不合理

食材不同，铁元素的吸收利用率也就不同。研究表明，植物性食物中铁的吸收率要比动物性食物低。植物中的草酸、植酸或是高磷低钙的膳食都会影响宝宝对铁的吸收。妈妈一定要多多学习营养常识，准备一些含铁量高、易吸收的食物，才能保证宝宝对铁的摄入哦！

4 宝宝缺铁的常见症状

缺铁初期的宝宝，除面色萎黄、皮肤不够红润外，并无明显症状。去医院检查时血红蛋白是正常的，容易被忽视。中度缺铁的宝宝有脸色发白、耳鸣、记忆力下降、经常头晕、恶心呕吐等贫血症状。严重缺铁的宝宝，烦躁易怒，智力衰退，食道常有异物感、紧缩感、吞咽困难、舌头有异常感等症状。宝宝如果出现以下异常情况，很有可能是缺铁了！

▶ 2~6个月，宝宝睡眠浅，易惊醒；喂养困难、易呕吐；哭闹不止；免疫力下降、呼吸道感染、慢性腹泻等时有发生。另外，缺铁的宝宝很少微笑，表情比较严肃。

▶ 3岁以上，宝宝好遗忘、冲动，注意力不集中，反应迟钝，很难融入周围环境等。

缺铁宝宝的身体机能状况表：

	影响	一般症状	严重症状
消化系统	食欲不振	恶心、呕吐、腹泻、腹胀、便秘	异食癖：吃煤渣、纸屑、土块、纸张、毛发等
呼吸循环系统	缺氧	代偿性呼吸、心率加快	心脏杂音、心脏扩大甚至心力衰竭
免疫力	降低	易感染、T淋巴细胞杀菌能力降低，肝、脾、淋巴结肿大	年龄越大，贫血越严重，肝、脾、淋巴结肿大越明显

5 缺铁性贫血的预防

缺铁性贫血是最常见的贫血，在发展中国家的育龄妇女、婴幼儿中的发病率很高。它是由缺铁引起的小细胞低色素性贫血及其他异常。妈妈们如果想让宝贝远离缺铁性贫血，健康快乐地成长，就要从以下几个方面注意预防：

1 首先要从妈妈这里做起！孕期和哺乳期的妈妈一定要摄取充足的铁质，要多吃一些含铁量高的食物，经常检查血色素，多吃些新鲜的水果对补充铁质也很有帮助。若孕妇本身就患有缺铁性贫血，要赶紧进行治疗，尽量消除宝宝患缺铁性贫血的可能性，不要延误了宝宝发育的最佳时机！

2 提倡母乳喂养。母乳中的含铁量和吸收率明显优于牛奶，刚出生的婴儿应以母乳喂养为主，并按照宝宝成长规律，及时添加肝泥、瘦肉、鱼、米粉等含铁丰富、吸收率高、能够强化铁质的辅食，能够很好地预防宝宝缺铁性贫血。

3 对于早产儿或是低体重的宝宝，妈妈们更应该提早预防。宝宝4周龄后，可在食物中加入适量的铁剂，如硫酸亚铁、葡萄糖酸亚铁等促进铁的吸收，对强化铁质起到很好的改善效果，时间应控制在1周岁之前。

4 时时关注宝宝身体状况，一旦出现慢性消化道出血、钩虫流行等情况要及时根治，避免铁质的流失。

5 重视饮食健康，选取含铁丰富易吸收利用的食材，特别是各种瘦肉、动物肝脏、血液、鱼类等食物中含有丰富的血红素铁，易被人体吸收利用。妈妈要合理搭配膳食，让宝宝每天都能获取足够的铁元素。

♥ 小贴士

1.妈妈一定要做好宝宝的健康检查工作，早发现、早治疗。

2.烹饪时尽量选择铁锅、铁铲，可以形成可溶性铁，易于肠道吸收哦。

6 补铁的误区

✗ 吃菠菜补铁

这是比较常见的一个误区。菠菜的含铁量的确很高，但却不算是补铁的最佳食物。铁元素以非血红素铁、血红素铁两种形式存在于食物中。前者极易受到其他膳食因素影响，如植酸、草酸、茶叶咖啡中的多酚类物质等，吸收率降低。而菠菜中本身就含有大量的草酸，会干扰非红素铁的吸收。

✗ 喝牛奶、或者奶制品会导致铁的流失或缺乏

虽然牛奶中含铁量不高，但远不会导致铁的缺乏，之所以会给妈妈们造成这种假象，主要还是源自于不平衡的膳食结构。喝牛奶的同时，如果没有合理搭配其他含铁丰富的食物补充铁质才会导致铁的缺乏，增加宝宝缺铁性贫血的风险。

✗ 吃红枣补铁

红枣富含丰富的维生素，具有补脾益气、养血安神之效。然而作为一种植物性食品，它的含铁量约为2.3毫克（每100克），吸收率非常低，并非补铁的首选辅食，所以光靠吃红枣来补铁是不可能的。

✗ 蛋黄补铁

鸡蛋蛋黄的含铁量虽比红枣多，但同红枣一样都有吸收率低的弊端，只能算作是给宝宝补铁的优质辅食。而且，有些宝贝可能还会对蛋黄过敏，应在8个月或1岁后再行添加。

✗ 铁制烹饪工具能补铁

常常听到一些老人说用铁锅做饭能补铁，真的就是正确的吗？研究表明，铁锅中的铁主要以三氧化铁的形式存在，食物中的膳食纤维、草酸、植酸等物质会妨碍铁质的吸收，补铁效果并不好。

7 补铁小妙招

人体内铁元素有两种获取途径：一是饮食，二是药物。因此，宝宝补铁也应该从这两方面着手。

饮食 食补是宝宝补铁的最佳途径。以含铁量为区别，可分为以下几种：

最佳食物	动物血、肝脏、黑木耳、鸡蛋黄、牛肾、大豆、芝麻
优质食物	瘦肉、红糖、红枣、干果、鱼类、贝类
普通食物	海带、谷物类、蔬菜、豆类
辅助性食物	奶制品、蔬菜，水果、维生素C、维生素A、叶酸

药物 对于患有缺铁性贫血的宝宝，口服药品是首选。妈妈按照医生嘱咐，可以给宝宝服用铁剂。优点是见效快，一般1~2个星期后，血红蛋白的浓度就开始有所提升，坚持三个月，体内铁的储备就可以得到满足。

药补的缺点是风险大，这些重要的注意事项，妈妈一定要及早知道：

1 铁剂的选择很重要。市场上常见的三种铁剂是硫酸亚铁、反丁烯二酸亚铁、葡萄糖酸铁。每种铁剂的含铁量不尽相同，给宝宝补充铁剂时最好遵从医生的建议，选择适合的产品。

2 铁剂不应放太久，要及时服用，最好是选择两餐之间。忌饭前服用，易引发胃部不适、恶心、呕吐、腹泻等副作用。还应该避免与牛奶同时服用，会影响铁质的吸收。

3 宝宝刚开始服用铁剂时，副作用比较大，妈妈此时千万不能因为心疼孩子就减少剂量或者中断治疗。可以尝试改变服药的方法和次数，采用间歇补铁的方法，即每三天或每星期补铁一次，每次剂量不变，这样副作用减小，效果却很好。

4 在服用铁剂的过程中，宝宝大便会变黑，这是正常现象，停药后就会消失，妈妈不要太紧张啦。

5 注意控制宝宝服用铁剂的量，一是不能过量，二是不能不缺也要补。铁剂服用过多，会刺激胃肠黏膜，对宝宝弱小的身体产生不利影响，后果比缺铁更为严重，所以，一定要根据宝宝的实际情况，在医生指导下补充铁剂。

难易度：★★☆　　烹饪方法：煮　　烹饪时间：42分钟

猪肝瘦肉粥

原料：大米160克，猪肝90克，瘦肉75克，生菜叶30克，姜丝、葱花各少许

调料：盐2克，料酒4毫升，水淀粉、食用油各适量

制作方法：

1.瘦肉切丝；猪肝切片；生菜切丝。

2.猪肝装碗，加盐、料酒、水淀粉、食用油，腌渍10分钟。

3.砂锅注水烧热，放入大米，煮20分钟；倒入瘦肉丝，续煮20分钟；倒入腌好的猪肝，撒上姜丝。

4.将煮好的粥盛出，撒上葱花即可。

难易度：★☆☆　　烹饪方法：凉拌　烹调时间：1分30秒

凉拌鸡肝

原料：熟鸡肝150克，红椒15克，蒜末、葱花各少许

调料：盐3克，鸡粉少许，生抽、辣椒油各5毫升

制作方法：

1.鸡肝切片，装入碗中备用。

2.将洗净的红椒切圈，备用。

3.把鸡肝装入碗中，加入红椒、蒜末、葱花，拌匀。

4.加入盐、鸡粉，搅拌入味。

5.淋入生抽、辣椒油，用筷子搅匀。

6.将拌好的鸡肝盛出装盘即可。

难易度：★☆☆　　烹饪方法：煮　　烹饪时间：1分钟

蛋黄泥

原料：鸡蛋4个，配方奶粉15克

制作方法：

1.鸡蛋洗净。

2.砂锅注水，大火烧热，放入鸡蛋；略煮3分钟，至鸡蛋熟透。

3.鸡蛋去壳，剥去蛋白，留取蛋黄，压成泥状；将奶粉冲泡好，备用。

4.蛋黄倒入奶粉中，搅拌均匀，装入碗中即可。

4. 食材巧搭保健康 补钙食谱

1 钙的功效

人体中的钙质素有"生命元素"的美誉，它都具有什么功效呢？

1 钙是人体含量最大的无机盐，促进骨骼、牙齿的生长发育。

2 维持肌肉神经的正常兴奋。

3 调节细胞及毛细血管的通透性。

4 强化神经系统的传导功能。

5 钙是天然的镇静剂，调节神经细胞的兴奋度。

6 维持人体酸碱平衡。

7 钙离子·是参与血液凝固的重要物质。

2 补钙的重要性

钙是人体不可或缺的元素，是生命之源。婴幼儿从出生到青春期阶段，不管是脑还是身体各方面的成长都需要大量补钙，如果这时候缺钙会对宝宝的骨骼发育、智力发育等各种机能的完善带来严重恶果，家长千万不能忽视宝宝补钙的重要性。

3 缺钙的原因

那么，究竟哪些因素会导致宝宝缺钙呢？调查显示，共有五大原因：

1 婴儿缺钙的主因还是在于妈妈孕期钙质储备不足或者是母体自身钙的缺乏，母乳中钙的含量过少，不能满足新生儿对钙质的摄入量。

2 宝宝生长发育快，消耗增加，对钙质的需求量大，日常饮食中的钙难以满足需求。

3 饮食不当或者是搭配不合理。特别是到了夏季，大肠杆菌繁殖旺盛，非常活跃，如果宝宝饮用了不洁的食物或是吃太多冰冷食品，有可能就会引发胃肠炎，钙质等营养物质因吸收不良而大量流失。

4 出汗过多也会加快钙的流失。老人们常说，孩子出汗越多越好，可以排毒。正常情况下，人体每天的汗液会丢失15毫克钙质，并不重要。但如果宝宝活动量大，遇到高温天气，出汗过多，致使大量钙质流失，就会引发低钙血症。

5 宝宝厌食、挑食、偏食的坏习惯也会影响钙质的吸收。

宝宝每日钙的需求量：

0~6个月	6个月~1岁	1~3岁	4~10岁	10~12岁
300毫克	400毫克	600毫克	800毫克	1000毫克

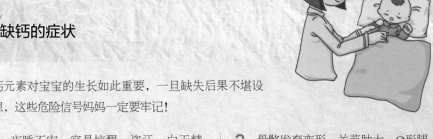

4 缺钙的症状

钙元素对宝宝的生长如此重要，一旦缺失后果不堪设想，这些危险信号妈妈一定要牢记!

1 夜睡不安，容易惊醒、盗汗。白天精神烦躁，不如往常活泼。

2 骨骼发育变形，关节肿大，O形腿、X形腿、驼背、方颅等，严重时会引发佝偻病。

3 出现枕秃现象，这是由于宝宝睡着后出汗不舒服，头部不断摩擦枕头，久而久之就会有枕部脱发圈。

4 大脑发育异常或者运动机能发育缓慢，宝宝智力低下，说话晚、学步迟、表情漠然。

5 出牙迟缓或者不整齐，锯齿状。

6 食欲不振，孩子厌食、偏食。

7 免疫力下降，易患感染性疾病。

8 阵发性腹痛、腹泻或者抽筋。

5 缺钙的危害

钙质如果摄入不足，就会造成人体各种生理障碍，引发许多疾病，严重时会影响成年后的身高，增加成年期骨质疏松的风险与骨折的风险。

维生素D缺乏性佝偻病，俗称缺钙，婴幼儿时期一种常见的全身性疾病，主要是由宝宝体内维生素D不足引起的。大多数属轻中度缺钙，经常表现为精神、神经方面的症状，易烦躁、哭闹，身材矮小，骨骼畸形。

低钙血症，是指血钙低于正常值的现象，属于钙代谢紊乱。严重的低钙血症甚至会危及生命。

6 佝偻病的防治

预防 只要做到以下几点，维生素D缺乏性佝偻病是可预防的。

① 预防首先要从妈妈做起，对孕妇膳食营养的科学搭配，能够保障新生儿钙质的储备量。

② 给宝宝来场日光浴吧！适量的紫外线不仅可以杀菌消毒，还能产生更多的维生素D，加速钙质吸收。新生儿多接触户外活动，晒晒太阳，可降低发病几率。

③ 加强宝宝身体锻炼，强健体格。

④ 最好母乳喂养，合理添加辅食。母乳中钙、磷比例适宜，但维生素D含量比较少，可适当添加浓缩鱼肝油。

⑤ 恰当利用药物也是可以预防的，但前提是一定要谨遵医嘱，不可过量。非母乳喂养的宝宝，若每日摄奶量低于1000毫升，应当补充适量的维生素D400IU/日。

治疗 经医院检查确认患有佝偻病的婴幼儿，可采取下面的方法进行治疗。

① **药物治疗**

▶ **补充维生素D**

口服维生素D浓缩制剂（包括浓缩鱼肝油）每日0.5~2万国际单位。一个月后改服预防剂量。必要时，重症患儿可用浓缩维生素D制剂作大量突击治疗，口服或注射均可。

▶ **钙剂治疗**

人体内的维生素D和钙质是相辅相成的关系，补充维生素D的同时，适量服用钙剂或骨粉效果更佳。

1 物理治疗

日光疗法对婴幼儿是最经济安全的方法，也是常用法。

方法	优点	缺点
药物疗法	疗效快	长期服用或过量服用，容易中毒
物理疗法	经济安全	皮肤容易有不良反应
矫形疗法	严重佝偻病患者长时间难以完全康复时	需要手术，易伤身体

妈妈日常在家做这些也可以有效帮助治疗佝偻病：

1. 鼓励孩子锻炼身体，强健体格；
2. 多做户外运动，接受阳光照射；
3. 及时纠正宝宝的不良形体习惯，如弓背含胸、端肩缩脖等。

7 补钙的误区

✗ 听信广告宣传，乱给孩子买保健品，并且认为越贵越好

事实上，贵的并非就是最合适的，市场上的保健品种类繁多，挑选时一定要选择与宝宝年龄相符，并且标明适应症、有明确治疗作用的产品。

✗ 孩子身材矮小就是缺钙，补了钙就能长个子

宝宝身体发育受多种因素影响，钙质的缺乏只是其中一个原因，补钙不一定就能使孩子长高，还需要其他物质的帮助。

✗ 钙补得越多越好，不缺也要给宝宝补，天天补

婴幼儿补钙是为了预防佝偻病，盲目补钙会使孩子胃口不好，甚至患上结石。

✗ 补钙时宝宝便秘是正常的

补钙时宝宝便秘也有可能是补钙不当造成的。日常饮食中草酸、植酸、磷酸、脂肪与钙质相遇后会形成不溶解的较硬物质，难以排出，宝宝就会便秘。因此，补钙时要尽量放在饭前或饭后，睡前补钙吸收最好。

✗ 补钙和补维生素概念混淆

妈妈很容易把补钙和补充维生素弄混，以为晒太阳就是补钙，抑或只是给孩子单纯补钙。事实上，晒太阳产生的是维生素D而不是钙质，单纯补钙的孩子也会缺钙。维生素D和钙质一定要搭配好，补钙才能事半功倍。

8 正确补钙的方法

花样繁多的保健品也只是起到保健、辅助治疗的作用，想要正确地给宝宝补钙，妈妈们还要下功夫。掌握正确的方法，给宝宝补钙才能妥妥的。

1

选对食材很重要。服用药物补钙时一定要避免与植物性食物或油脂类食物相遇，因为大量的草酸、植酸、磷酸或者是脂肪酸与钙质结合后会影响钙的吸收，达不到应有的疗效。

2

抓准时机巧补钙。补钙最好选在餐前1小时或餐后2小时，并且睡前补钙最易吸收。这是因为睡前补钙可以为夜间钙调节提供钙源，能较少钙质的损耗。

3

钙、锌不能同时补。两者在体内会互相抑制，互相争抢受体，造成某种元素吸收过多而另一种吸收过少。正确的做法是分开服用，时间最好间隔3小时以上，比如可以早晚服用钙剂、中午吃锌剂。

4

正确搭配好处多。一个好汉三个帮，维生素C、维生素D等能加速钙的吸收，日常膳食荤素平衡也能提高钙质的利用率，正确搭配富含这些营养物质的食材，能够提高人体对钙质的吸收利用率。

9 缺钙吃什么好?

宝宝补钙一定要吃的六大类TOP食物：

TOP 1 乳类与乳制品（牛、羊奶及其奶制品）

TOP 2 豆类与豆制品（黄豆、毛豆、豆腐等）

TOP 3 海鲜类（鲫鱼、鲤鱼、小鱼干、海带、虾皮等）

TOP 4 蔬菜类（芹菜、莲子、芝麻、深色蔬菜等）

TOP 5 水果类（柠檬、苹果、杏仁、山楂、葡萄干等）

TOP 6 坚果类（花生、南瓜子、西瓜子等）

难易度：★★☆　　烹饪方法：煲　　烹饪时间：47分钟

萝卜排骨汤

原料：排骨段400克，白萝卜300克，红枣35克，姜片少许
调料：盐、鸡粉各2克，胡椒粉少许，料酒7毫升

制作方法：

1.包萝卜洗净切厚片，改切成小块。

2.锅中注水烧开，倒入排骨，淋入料酒，氽去血渍；捞出，沥干。

3.砂锅注水烧开，倒排骨、姜片、红枣，淋入料酒提鲜，慢火炖30分钟。

4.倒入白萝卜，小火续煮15分钟。

5.加盐、鸡粉、胡椒粉，略煮片刻，关火后盛出煮好的汤料即可。

难易度：★★☆　　烹饪方法：烧　　烹饪时间：3分30秒

草菇烧豆腐

原料：草菇120克，豆腐200克，高汤适量，胡萝卜、葱段
　　　各少许
调料：盐3克，水淀粉10毫升，蚝油、老抽、白糖、鸡粉、
　　　芝麻油、食用油各适量

制作方法：

1.草菇切开；豌豆煮熟；豆腐切片。

2.锅中注水，加盐，倒入草菇、豆腐、高汤，略煮片刻；倒入蚝油、老抽，加入盐、鸡粉、白糖，炒匀。

3.用水淀粉勾芡；淋入芝麻油；撒上备好的葱段炒均匀。

4.关火后，盛出装盘即可。

难易度：★☆☆　　烹饪方法：凉拌　　烹饪时间：4分钟

海带拌腐竹

原料：水发腐竹100克，水发海带120克、胡萝卜25克
调料：盐2克，鸡粉少许，生抽4毫升，陈醋7毫升，芝麻油
　　　适量

制作方法：

1.腐竹切段；海带、胡萝卜切丝。

2.锅中注水烧开，放入腐竹，氽煮至断生，沥干水分。

3.倒入海带丝，氽煮至熟透，沥干。

4.将食材装入碗中，撒上胡萝卜丝；加盐、鸡粉，淋入生抽、陈醋、芝麻油，搅拌至入味；装入盘中即成。

5. 食材巧搭保健康 补维生素食谱

1 维生素的功效

维生素又名维他命，是人和动物维持正常生理功能所必需的一类微量有机物质，在人体生长、代谢、发育过程中起着调节作用。虽然各种维生素的化学结构及性质不同，在体内含量很小，但却是不可或缺的，对婴幼儿的生长发育有着不可替代的作用。

维生素是个热闹的大家庭，其中对人体比较重要的是维生素A、维生素B_2、维生素B_6、维生素B_{12}、维生素C、维生素D、维生素E、维生素K。

维生素A

素有"眼睛的守护神"之称，对宝宝的视力发育有很大帮助。宝宝的牙齿、骨骼、头发的生长也需要维生素A。对于维持细胞的正常运转更是功不可没。

维生素B_2

维生素B族对人体神经机能的调节作用不容忽视，B_2是幼儿成长的维生素。供应不足会造成宝宝发育不良。

维生素B_6

B_6是合成核酸的重要营养素，在生长、认知发育、免疫功能及类固醇激素活性等方面发挥重要作用。它能降低人群慢性疾病的危险性。

维生素B_{12}

B_{12}是制造红血球的原料，与叶酸同时使用可以预防贫血。它也是糖类、脂肪、蛋白质代谢的重要元素，可以促进食欲，维持脑部和神经系统的健康。

维生素C

促进铁质吸收，活化细胞与细胞间的联系。特别的是它还能够促进人体骨胶原的合成。

维生素D

帮助钙、磷吸收利用，对幼儿骨骼成长很重要。

维生素E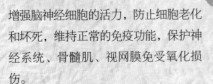

增强脑神经细胞的活力，防止细胞老化和坏死，维持正常的免疫功能，保护神经系统、骨髓肌、视网膜免受氧化损伤。

维生素K

维持新生儿体内血液循环正常运行，是凝固血液的重要营养素。由于维生素不能在体内自动生成，所以需要通过饮食摄取维生素K。

2 维生素A缺乏症的宝宝食谱

抗干眼病维生素。维生素A缺乏症是四大营养缺乏症之一，是婴幼儿中很普遍的一种全身性疾病，主要由体内维生素A缺乏引起的眼睛、皮肤的病变，在1~4岁的宝宝中比较多见。

缺乏维生素A的宝宝会有什么样的症状呢？

夜盲症、干眼病、口腔溃疡、皮肤干燥，可能会出现皮肤色斑；毛发稀疏，骨骼发育受阻，牙釉质发育不良；指（趾）甲脆薄，有纵横沟；免疫力下降，反复消化道、呼吸道感染；体格智能发育轻度落后，伴有营养不良、贫血和其他维生素缺乏症。

维生素A缺乏症的原因

1 饮食不当。婴幼儿食品单纯，如果妈妈母乳不足，也没有及时添加辅食，容易引发维生素A缺乏症。再或是宝宝断奶后，喂养单一，很少有富含蛋白质和脂肪的食物，也会造成维生素A的缺乏。

2 一些慢性疾病，如腹泻、肠结核等会影响维生素A的吸收，而慢性呼吸道感染、麻疹等会消耗体内维生素A。另外，患有先天或被各种病毒感染的肝胆系统疾病容易引发维生素A缺乏症，妈妈也应该警惕。

3 宝宝如果缺乏锌元素，也有可能患上维生素A缺乏症。

4 泌尿生殖系统的病变和蛋白质缺乏，也是影响人体内维生素A吸收的重要因素。

维生素A缺乏症的防治

维生素缺乏的宝宝日常饮食宜多食蔬果来补充相应的维生素。严重时应该进行药物治疗，食疗为辅。

1 母乳喂养。

2 宝宝膳食要搭配好，及时补充富含维生素A的食物。

3 养成宝宝优秀的饮食习惯。

4 合理选择补充维生素A的产品。

！ 注意事项

婴幼儿身体脆弱，维生素A如果服用过量会中毒，应当按照医生嘱咐适量添加。

缺维生素A 宜吃的食物

1 动物肝脏

"维生素A之王"，含有丰富的维生素A，远超过奶、蛋、肉、鱼等食品。常见的几种动物肝脏中维生素A含量排名为羊肝、牛肝、鸡肝、猪肝。

2 胡萝卜

胡萝卜中含有的胡萝卜素比白萝卜及其他蔬菜高出30~40余倍。胡萝卜素被人体吸收后，在一些列酶的作用下转化为维生素A。可以说，胡萝卜素的一半都是维生素A。

4 红薯

红薯一直被营养家称作是营养最均衡的食物，含有丰富膳食纤维、胡萝卜素、维生素A等，具有补中和血、益气生津的功效。亚洲蔬菜研究中心将红薯列为高级营养蔬菜，称为"蔬菜皇后"。

绿色蔬菜和黄色水果
（芹菜、橘子、芒果、菠萝等）

3

这类食物中本身就含有丰富的维生素A，其中丰富的胡萝卜素不仅容易被人体吸收，还能更好、更全面地转化成维生素A。

补维生素A的食谱

难易度：★☆☆　　烹饪方法：炒　　烹饪时间：1分30秒

胡萝卜炒菠菜

原料： 菠菜180克，胡萝卜90克，蒜末少许
调料： 盐3克，鸡粉2克，食用油适量
制作方法：

1. 胡萝卜洗净去皮、切丝、焯水。
2. 菠菜洗净去根、切段。
3. 锅中注水烧开，放入胡萝卜丝，撒少许盐，焯水，沥干水分。
4. 起油锅，爆香蒜末，倒入菠菜、胡萝卜丝，翻炒匀。
5. 加盐、鸡粉，炒匀调味，关火后盛出即可。

3 维生素B缺乏症的宝宝食谱

维生素B族是一组多种水溶性维生素，包括维生素B_1、维生素B_2、维生素B_6、维生素B_{12}、叶酸、泛酸等，能维持和改善上皮组织，保护眼睛的上皮组织、消化道黏膜组织的健康。那么，维生素B族在宝宝健康成长中扮演怎样的角色呢？

1 口腔的卫士。维生素B族可以预防口腔溃疡、口角炎。

2 调节碳水化合物、蛋白质、脂肪的代谢，保护皮肤，远离青春痘和癞皮病。

3 参与和调节人体新陈代谢，保护肝脏。维生素B族在糖代谢过程中起关键作用，维生素B足够了，人就会精力充沛，提高抗压力。同时，维生素B族对肝脏也有保护作用，能够解除酒精、尼古丁等，醒酒护肝，舒缓头痛。

4 保护肠道健康，维持消化功能的正常，可以缓解呕吐。缺乏维生素B族，胃肠会蠕动无力，易消化不良、口臭、便秘等。

维生素B缺乏，会让宝宝身体出现一系列的问题，营养不容忽视，妈妈可以根据以下症状来判断宝宝是否缺乏某种B族维生素。

维生素B_1缺乏症
俗称脚气病。消化系统方面表现为厌食、呕吐、腹胀、腹泻或便秘、体重减轻等。神经系统症状早期表现为烦躁、夜啼、因喉返神经麻痹所致声音嘶哑甚至失音。宝宝神情淡漠、食欲减退、眼睑下垂、全身软弱无力、嗜睡，严重者惊厥、昏迷，可引起死亡。

维生素B_2缺乏症
维持皮肤、指甲、毛发的正常生长等，缺乏它易患唇炎、口角炎、舌炎、皮肤引起溢脂性皮炎、结膜炎、角膜炎等。

维生素B_6缺乏症
防治晕车、晕船症状，对于孕妇呕吐也有缓解作用，还能用于防止过敏现象。缺乏维生素B_6会有贫血症、脂溢性皮炎、舌炎。

维生素B_{12}
缺乏症促进婴幼儿成长发育、增强体力，缓解精神紧张，消除烦躁，增强记忆力。维生素B_{12}缺乏症常表现为舌部发痒或发麻；白色点状皮疹；口角疼痛，可蔓延至嘴唇，表皮脱落、呼吸困难；脸部疼痛、记忆力受损；偏头痛。

维生素B缺乏症的防治

1 多吃富含维生素B的食物，这是防治维生素B缺乏症的根本途径。合理的膳食搭配，才能培养出营养均衡、健康聪明的宝宝。

2 改善烹调方法，尽量选择适合食材的烹饪方式，以减少因食材处理不当对维生素B的破坏。

3 给宝宝营造一个干净、整洁的成长环境，可有效避免呼吸道感染、痢疾、肝炎、胃肠感冒、慢性腹泻等疾病的困扰，减少维生素B的消耗。

4 患有肝脏疾病或者是胃肠疾病的婴幼儿，在服用药物进行治疗时，会大量消耗维生素B，应该及时予以补充。

补充维生素B宜吃的食物

维生素B群，成员众多，想全部摄取？那妈妈就需要认真挑选食材了。怎样才能既简单方便，又尽可能多地摄取各种维生素B呢？

Top1：小麦胚芽、大豆、绿豆、花生、火腿、黑米、胚芽米。

Top2：动物肝脏、肉类、乳制品、鸡蛋、鱼、七鳃鳗、香菇。

Top3：橘子、香蕉、葡萄、梨、核桃、栗子、猕猴桃。

💗 **小贴士**

维生素B₁在人体内无法贮存，应每天补充。

补维生素B的食谱

难易度：★★☆　　烹饪方法：蒸　　烹调时间：13分钟

豉椒蒸鲳鱼

材料： 鲳鱼、豆豉、剁椒、姜末、蒜末、葱花各适量
材料： 白糖、鸡粉、生粉、盐、生抽、老抽、芝麻油、食用油各适量

制作方法：

1. 鲳鱼洗净，两面划浅十字纹，将盐、鸡粉均匀涂抹上去。
2. 葱、姜、蒜、豆豉、剁椒切碎。
3. 爆香姜蒜，炒匀豆豉、剁椒、白糖等，盛出加调料铺鱼上。
4. 大火蒸20分钟，加葱花、热油即可。

4 维生素C缺乏症的宝宝食谱

维生素C能够促进铁质的吸收，活化细胞与细胞间的联系。它有一项特别的功能就是能够促进人体骨胶原的合成，胶原质是人体牙齿、骨骼、组织细胞等的组成部分，而维生素C在协助骨胶原的生成上占有重要的功能。

维生素C缺乏症的原因

维生素C是形成人体胶原蛋白必需的物质，严重缺乏时可引起坏血病。主要受以下因素影响：

1. 摄入不足。新生儿维生素C的摄入有两个来源：一是妈妈孕期的贮存，母亲孕期营养搭配不好，缺乏维生素，宝宝出生后易患坏血症；二是日常膳食安排，人工喂养的宝宝，如果经常吃一些牛奶、奶糕、米面糊等，没有其他富含维生素C的辅食，也会造成维生素C摄入不足。

2. 消化、吸收障碍或是其它的胃肠疾病也会使维生素C的消耗增多，吸收减少。特别是胃酸缺乏时，维生素C容易在胃肠内被破坏。

3. 需求量大。宝宝成长很快，每天都需要摄入大量的维生素C，若不能及时增加维生素C，就会供应不足。

4. 人体不能自己合成维生素C，而维生素C又有很强的还原性。所以，日常生活中无意间的一些行为都有可能导致维生素C被破坏，如碱性环境，蔬菜被剁、切、挤压、撕损或者是加热时间过长，食材被放置过久等。

维生素C缺乏症的表现

维生素C缺乏症在任何年龄阶段皆有可能发生，多见于6~24个月的婴幼儿。发病时有以下症状：

1 全身症状（隐性病例）

起病缓慢，倦怠、软弱、激动、食欲减退、体重减轻、面色苍白、呕吐、腹泻等消化系统紊乱。

2 骨骼病变

下肢肿痛但不发红、两腿外展、小腿内弯如蛙状、手指按压时有凹陷、不愿意动、状若假性瘫痪。由于疼痛，精神紧张、害怕被触碰。

3 出血反应

全身出现大小不等、程度不同的出血，小儿多见于下肢，膝部最为严重。严重者心脏肥大，甚至在骨骼病变处有瘀点和瘀斑，牙龈黏膜下常出血、肿胀，眼睑或结膜出血、眼球凸出、流鼻血等。

4 免疫系统

易患呼吸道疾病，伤口愈合缓慢。

维生素C缺乏症的防治

维生素C缺乏症在任何年龄阶段皆有可能发生，多见于6~24个月的婴幼儿。发病时有以下症状：

1 多选择富含维生素C的食物，运用正确的烹调方法，减轻对食物中维生素的破坏。烹调九字诀：多爆炒，少熬煮，不加碱。

2 孕妇和哺乳期的妈妈饮食也很重要，要多吃新鲜的蔬菜和水果，或者是将维生素C片溶于水加糖口服。

3 注意给宝宝添加维生素C含量高的辅食，特别是人工喂养的婴幼儿，每天都应该补充适量的维生素C。同时，要及早添加菜汤、番茄汁、胡萝卜汁、果汁等。

4 保持口腔卫生，预防继发感染。若出血严重，有严重贫血现象，要予以输血，可补给铁剂。

根据中国营养学会1988年所推荐，宝宝每日需要摄入的维生素C分量（妈妈可在医生指导下视情况酌量添加或减少）为：

婴儿	幼儿	3岁以后	早产儿
30毫克	30~35毫克	40~60毫克	100毫克

缺维生素吃什么好？

维生素C主要来源于新鲜蔬菜和水果，蔬菜中辣椒含量最高，而水果以酸枣、山楂、柑橘、草莓、猕猴桃等较丰富。

六大补充维C的食物

1 酸枣

新鲜酸枣含大量的维生素C，其含量是红枣的2～3倍、柑橘的20～30倍，在人体中的利用率可达到86.3%，是水果中的佼佼者。常喝酸枣汁可益气健脾，能改善面色不荣、皮肤干枯、形体消瘦、面目浮肿等症状。

2 猕猴桃

猕猴桃是一种营养价值丰富的水果，具有多重功效和作用，平均每500克红心猕猴桃的维生素C含量高达95.7毫克，被人们称为"果中之王"。由于富含维生素C、E，它对预防口腔溃疡有天然的药效作用。

3 豌豆苗

豌豆苗富含钙质、B族维生素、维生素C和胡萝卜素，有利尿、止泻、消肿、止痛和助消化等作用。所含的维生素C和维生素E，都超过了西兰花的含量。

4 青椒

青椒果肉厚而脆嫩，维生素C含量丰富。青果含水分93.9%左右、碳水化合物约3.8%，红熟果含维生素C最高可达460毫克。

5 红薯

薯类食品中，尤以红薯特具营养价值。红薯每百克含维生素C30毫克，远超苹果、葡萄、桃、梨等。同时，薯类食品好处在于，不论煮、炸、烤等均不会破坏其中的维生素C。

6 西兰花

烹制后的西兰花含有维生素C、钾、叶酸、维生素A、磷等，对久病体虚、肢体痿软、耳鸣健忘、脾胃虚弱、小儿发育迟缓等病症有很好的疗效。同时，西兰花还含有维生素K，多吃可以补充维生素K，改善减轻状况。

💗 **暖心小贴士**

1.烹饪食材时，不可高温过久烹煮，会破坏食材中的维生素C。

2.煮牛奶也不应该长时间煮沸，会将维生素C全部破坏。

3.菜汤中含有大量维生素C，吃菜也要喝汤。菜肴要及时食用，以减少维生素C的损失。

补维生素C的食谱

难易度：★★☆　　烹饪方法：炒　　烹饪时间：1分30秒

甜椒炒绿豆芽

原料： 彩椒70克，绿豆芽65克
调料： 盐、鸡粉、水淀粉、食用油各适量

制作方法：

1.将彩椒洗净切丝，备用。

2.锅中注油，下入彩椒丝；再放入洗净的绿豆芽，翻炒至食材熟软。

3.加入盐、鸡粉，炒匀调味。

4.倒入水淀粉，快速翻炒至入味，起锅，将炒好的菜肴装盘即可。

4 维生素D缺乏症的宝宝食谱

维生素D为固醇类衍生物，是帮助钙、磷吸收及利用的重要物质，对幼儿骨骼的成长特别重要，被称作是抗佝偻病维生素。

维生素D缺乏性佝偻病，是以维生素D缺乏导致钙、磷代谢紊乱和临床以骨骼的钙化障碍为主要特征的疾病。维生素D不足导致的佝偻病，是一种慢性营养缺乏病，发病缓慢，影响生长发育。多发生于3个月~2岁的小儿。

维生素D缺乏症的三大因素

1. 日照不足

适度接受紫外线的照射能使人体产生充足的维生素D。在冬春寒冷季节，或者是雾天、阴雨天，小儿佝偻病的发病率明显增高就是这个原因。

2. 维生素D摄入不足

多见于2岁以前的婴幼儿或者是长期母乳喂养尚未添加辅食的宝宝。婴幼儿骨骼生长速度与营养物质需求成正比。妈妈体内储备钙质大量消耗，维生素D摄入不足会引发骨软化病。

3. 吸收不良或者活化障碍

胃肠疾病、胆汁淤积症、呼吸道感染、吸收不良综合症等都会影响对维生素D的吸收。另外，肝肾功能不全会导致维生素D不能转化为活性产物，影响吸收储存。

维生素D缺乏症的表现

婴幼儿的维生素D缺乏症主要表现为佝偻病，按照1980年全国佝偻病防治科研协作组修订的诊断标准，佝偻病活动期根据骨骼改变情况可分为轻度、中度、重度三期。

轻度	方颅、颅骨软化、肋串珠；神经症状比较明显，烦躁不安、夜惊、多汗	血钙接近正常值、血磷低、碱性磷酸酶正常或稍高
中度	骨骼体征逐渐明显，颅骨软化、头骨隆起、鸡胸、O形或X形腿、囟门大或迟闭、出牙迟、龋齿、手脚及下肢畸形	血钙稍低、血磷低、碱性磷酸酶明显升高
重度	骨骼严重变形，重度鸡胸、漏斗胸、脊柱弯曲，甚至有运动功能障碍、神经系统发育慢、贫血等	血钙、血磷均降低，碱性磷酸酶显著增高

注意：婴幼儿缺乏维生素D到佝偻病是一个缓慢的过程，妈妈一定要特别留心！

维生素D缺乏症的防治

做好以下措施，让宝宝和佝偻病"再见"！

1

培养健康宝宝从妈妈做起，孕妇和妈妈们经常晒晒太阳，需要时及时补充维生素D。

2

宝宝出生啦，每天两小时的户外运动可不能少哦！充足的光照能产生足够多的维生素D，降低佝偻病的发病率。

3

早产儿、双胞胎或者是低体重儿出生2周后可以开始补充维生素D。

4

食物是维生素D的另一个重要来源，食物蕴藏丰富的天然维生素D，是对宝宝身体最好的进补法。

5

宝宝生长快，食疗不能满足宝宝对维生素D的需求怎么办呢？可服用维生素A、D制剂，前提是一定要谨遵医嘱哦！

6

宝宝身体不好，患有肝胆疾病，药物互相作用会影响钙、磷吸收，妈妈一定也要注意预防维生素D的流失。

缺维生素D吃什么好

食疗永远是给宝宝补充营养的最好的方法。补充维生素D一定要吃哪些食物呢？

1 鱼肝油

鱼肝油是从鱼类的肝脏中提炼出来的脂肪，主要富含维生素A和维生素D，能用于治疗和预防佝偻病、夜盲症及小儿手足抽搐症。

2 鸡蛋

鸡蛋含有丰富的蛋白质、卵磷脂、卵黄素、胆碱、维生素B_2、钙、磷、铁等营养物质，具有健脑益智、提高记忆力、保护肝脏等功效。

3 鸡肝

鸡肝含有丰富的维生素和铁质，能维持正常生长发育、保护眼睛、防止眼睛干涩疲劳，是宝宝补充维生素D的良好来源。

4 羊肝

羊肝中富含维生素A、维生素B_2、维生素D等多种营养元素，能促进人体代谢，预防夜盲症、视力减退、佝偻病等多种疾病。

5 奶油

奶油的脂肪含量比牛奶增加了20～25倍，而其余的成分如非脂乳固体（蛋白质、乳糖）及水分都大大降低，是维生素D和维生素A含量很高的调料。

6 三文鱼

在所有天然食物中，三文鱼的维生素D含量最高。除了三文鱼，金枪鱼中的维生素D也很丰富。不管是新鲜的、冷冻的，含量都很高。

研究发现，无论全脂还是脱脂，牛奶都含天然维生素D，而且市场上许多牛奶都已经强化了维生素D。

7 牛奶

口蘑中含有大量的维生素D。最新研究发现，口蘑是唯一一种能提供维生素D的蔬菜，当受到紫外线照射的时候，就会产生大量的维生素D。而多摄入维生素D，就能很好地预防预防小儿佝偻症。所以，食用口蘑前让它晒晒太阳吧！

8 口蘑

9 虾

虾可温补脾胃、增加食欲，且含有优质蛋白质及多种维生素、矿物质，儿童经常吃虾，可促进大脑和神经系统发育、提升免疫力。还能协助补充钙质，促进骨骼生长发育，预防小儿佝偻病。

10 秋刀鱼

秋刀鱼含有蛋白质、DHA和铁、钙、锌及多种维生素，可以让儿童脑细胞膜变得比较柔软，还能促进骨骼发育，让宝宝健康成长。

补维生素D的食谱

难易度：★☆☆　　烹饪方法：炒　　烹饪时间：2分钟

银鱼炒蛋

原料：鸡蛋3个，水发银鱼50克，葱花少许
调料：盐、白糖、胡椒粉、食用油各适量
制作方法：

1.鸡蛋打入碗中，加少许盐、白糖，与洗净的银鱼一起搅拌。

2.油烧热，将搅拌均匀的蛋液倒入锅中炒熟，放入葱花、胡椒粉，炒匀盛出即可。

5 其他维生素缺乏症的宝宝食谱

维生素E缺乏症宝宝的营养食谱

维生素E被誉为血管清道夫，可以预防血栓、活化血小板、强化脑细胞、保持脑力、保护肝、肾。婴幼儿摄取足量的维生素E，有四大好处：

1. 能够维持皮肤黏膜层的完整性，减少皮肤疤痕与色素的沉淀。

2. 促进生长发育，有保护神经系统、骨髓肌、视网膜免受氧化损伤的作用。

3. 预防癌症，加速伤口愈合。

4. 治疗儿童自闭症，帮助儿童健脑的功效。

维生素E缺乏症宝宝宜吃的食物

1 猕猴桃
猕猴桃果肉黑色果粒部分含有丰富的维生素E、维生素C、果胶等物质。

2 菠菜
菠菜有"营养模范生"之称，它富含类胡萝卜素、维生素C、维生素等营养成分，可以给宝宝全面的营养呵护。

3 圆白菜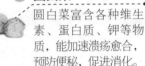
圆白菜富含各种维生素、蛋白质、钾等物质，能加速溃疡愈合，预防便秘，促进消化。

4 花菜
花菜含有蛋白质、膳食纤维、胡萝卜素、维生素E等，具有清热解渴、促进消化、增强免疫力的功效。

5 紫甘蓝
含胡萝卜素、糖类、蛋白质等物质，尤其是维生素E含量特别丰富，有帮助消化、增强免疫的功效。

6 莴笋
矿物质、维生素含量都很高，能够增强食欲，促进发育，有利于提高机体免疫力。

补维生素E的食谱

难易度：★☆☆　　烹饪方法：熘　　烹饪时间：1分钟

醋熘紫甘蓝

原料： 紫甘蓝150克，彩椒40克，蒜末、葱段各少许
调料： 盐、白糖各3克，陈醋8毫升，水淀粉、食用油各适量

制作方法：

1.紫甘蓝、彩椒切成小块；紫甘蓝、彩椒焯水、捞出，沥干。
2.起油锅，爆香葱蒜，倒入食材，大火翻炒。
3.加盐、白糖、陈醋、水淀粉，炒匀调味，关火后盛出炒好的食材即可。

维生素K缺乏症宝宝的营养食谱

维生素K，又称凝血维生素，一般绿色蔬菜中含量较高。儿童补充维生素K有三大益处：

1. 预防新生儿出血疾病，促进血液正常凝固。

2. 预防痔疮。

3. 增加肠道蠕动和分泌的功能。

维生素K缺乏症宝宝宜吃的食物

1 菠菜

菠菜中含有胡萝卜素、维生素等成分，能提高机体免疫力，促进儿童正常发育。

2 生菜

含丰富的维生素及"抗病毒蛋白"，能抑制病毒，还能促进血液循环。

3 圆白菜

含有维生素K，儿童多食圆白菜，可以减轻维生素K缺乏引起的出血症状。

4 莴笋

含有大量膳食纤维、维生素A、维生素E、维生素K等，可促进食欲，增加胃肠蠕动。

5 豌豆

豌豆中含有较丰富的维生素及矿物质，有清肠作用，还能促进代谢。

6 香菜

香菜营养丰富，有发汗、消食、醒脾和胃等功效，具有促进血液循环的作用。

7 莲藕

莲藕的营养价值很高，富含维生素K、维生素C和蛋白质等成分，可收缩血管，增强人体免疫力。

8 牛肝

牛肝营养丰富，味道极佳，既满足儿童对美食的喜爱，又补血养血、强身健体。

9 苜蓿

苜蓿能抑制肠道收缩，促进大肠蠕动，可用来预防出血、肺胃出血等症状。

补维生素K的食谱

难易度：★☆☆　　烹饪方法：炒　　烹饪时间：1分30秒

蒜蓉菠菜

原料： 菠菜200克，彩椒70克，蒜末少许
调料： 盐、鸡粉各2克，食用油适量

制作方法：

1. 彩椒洗净切成丝；菠菜洗净去根。

2. 起油锅，爆香蒜末，倒入彩椒丝、菠菜，炒至断生。

3. 调入盐、鸡粉，炒至入味，盛出，装盘。

维生素PP缺乏症宝宝的营养食谱

维生素PP，又名维生素B_3、烟酸，是人体必需的13种维生素之一，参与人体内脂肪酸、胆固醇的合成，能促进血液循环、降低血压，有利于改善心血管功能，因此宝宝健康成长离不开维生素PP的保护。

1. 维持消化系统的正常运转，减轻胃肠吸收障碍。

2. 让皮肤显得更健康。

3. 促进血液循环。

4. 减轻腹泻症状。

婴幼儿如果摄入维生素B_3不足，容易造成癞皮病、体重减轻、记忆力差、失眠、头痛、烦躁抑郁，甚至有幻听、痴呆的现象。

维生素PP缺乏症宝宝宜吃的食物

1 鲑鱼

鲑鱼富含不饱和脂肪酸和多种维生素，有助于儿童大脑发育，经常食用能强化各项机能。

2 香菇
香菇中的烟酸含量很丰富，能纾解压力，增强身体免疫力，减轻消化不良。

3 麦芽
麦芽营养很丰富，具有消食化积、健脾开胃的作用。

4 蛋类

各种蛋富含钙质、蛋白质、烟酸、维生素D等，能促进血液循环和儿童生长发育。

5 瘦肉

瘦肉是B族维生素的良好来源，对促进血液循环、提高免疫功能很有帮助。

6 花生

含有蛋白质、氨基酸及多种维生素，具有增强记忆力、滋润皮肤的功效。

补维生素PP的食谱

难易度：★☆☆　　烹饪方法：炒　　烹饪时间：1分钟

芹菜炒黄豆

原料：熟黄豆220克，芹菜梗80克，胡萝卜30克
调料：盐3克，食用油适量

制作方法：

1.芹菜梗洗净切段，胡萝卜洗净去皮切丁，焯水捞出。

2.起油锅，倒入芹菜炒软；倒入胡萝卜丁、熟黄豆，翻炒；加入盐，炒匀调味；盛出，装盘。

PART 10

功能性
调养食谱

智能开发关乎宝宝的未来。专家研究统计发现，儿童智力的发展以2～4岁之间最为重要，在此期间，幼儿如果没有受到适当的启发，必然会发生不良的影响，使幼儿智力的发展逐年减退。父母不应只是关心孩子将来考高中、考大学的成绩如何，更重要的是重视婴幼儿时期的"扎根"工作，这样宝宝未来才能长成"参天大树"。

1. 食材巧搭保健康 健脑益智食谱

每个家长都应有这样的认识：0~3岁的幼儿，需要的不仅是一个监护者，更是一个真正能启发智力的教导者。在这个时期，结合孩子生长发育各阶段的特点，运用科学的方法全方面地开发宝宝的智能，注重对宝宝运动能力、语言沟通能力、认知和社交能力的培养，才能帮助宝宝形成健康的个性、较高的智力水平。

宝宝运动能力的训练

1~3个月龄宝宝
运动能力训练

松弛动作：0~3个月的宝宝身体经常会绷得很紧，胳膊和腿弯曲，小拳头也时常紧握，教他们开始放松四肢可以让宝宝睡得更好，减少哭闹。多让宝宝伸伸胳膊动动腿，但做运动的时候不需要太长，一般保持在5~10分钟就可以了。

4~6个月龄宝宝
运动能力训练

手支撑左右转头：俯卧、抬头、手撑地、身体重心在手上，可以在婴儿胸部下面垫1个小枕，促使婴儿用手支撑，在头上方用玩具和语言吸引婴儿左右转头。

7~9个月龄宝宝
运动能力训练

手膝爬行：刚开始时用小枕头垫在胸腹部使其保持爬姿，用玩具逗引往前爬，发现不正确的姿势比如同手同脚时，要及时纠正。

10~12个月龄宝宝
运动能力训练

从跪到站：当宝宝能跪立时，先让其扶住栏杆，鼓励他一脚向前成半跪位，逐渐鼓励不扶栏杆独立单足跪，最后鼓励扶栏杆从单足跪站起来。

1~2岁宝宝
运动能力训练

独走：让宝宝推着小车在两个大人之间短距离行走；让孩子靠墙，家长在前，鼓励宝宝走一两步到家长怀里。注意，不使用学步车为好。
跑步并能慢慢停下：宝宝一开始跑要通过物体停下，慢慢自己能够放慢停下。

2~3岁宝宝
运动能力训练

单足和双足跳：家长与宝宝牵手同跳、跳台阶、跳蹦床，激发其学跳兴趣。
过独木桥：在地上划间距10厘米的两条线，与宝宝一前一后，引导他在两线之间走，不能踩线。然后鼓励他自己走。

宝宝语言能力的训练

1～3个月龄宝宝
语言能力训练

模仿面部动作：对宝宝张嘴吐舌做表情，和他互动。

引逗宝宝发音发笑：语气轻柔地对宝宝发出单个的韵母音节如"a""o""e"，并让他看见嘴型。

4～6个月龄宝宝
语言能力训练

咿呀学语：与宝宝经常交谈，见到什么做什么都不厌其烦地和宝宝说。

模仿发音：面对宝宝，用愉快的口气与表情发"ba ba"、"ma ma"、"wa wa"等音节。

听音辨人辨物：让宝宝知道谁是爸爸谁是妈妈，妈妈问"爸爸在哪儿"的时候，宝宝看向爸爸；听懂某些简单的指令，比如让他听到"兔子"时就能够去拿兔子。

7～9个月龄宝宝
语言能力训练

动作表示语言：教宝宝做"欢迎""再见""虫儿飞""谢谢"的动作，听儿歌做一到两个简单的动作。

念儿歌，讲故事，看图书：读故事时要有亲切而又丰富的面部表情、口型和动作，给宝宝念的儿歌应短小、琅琅上口。

10～12个月龄宝宝
语言能力训练

模仿发音：教宝宝家里物品、五官的名称以及简单的动词，如"坐""走""开""关"。

指图问话：拿晚上经常念的童话故事，指着插图问宝宝书中内容，如"兔宝宝是谁呀"，宝宝会通过指出插画来回答，与宝宝一起讲完一个故事。

学小动物叫：教宝宝学各种动物的叫声，要告诉他叫声对应的动物。

1～2岁宝宝
语言能力训练

说出来再满足：宝宝会一言两语后能够自己提出要求，当他要求某物时，不要立马满足，鼓励他说出较多的词语再给他。

说出姓名：教宝宝准确地说出自己的名字（包括姓），并能说出小朋友、爸爸、妈妈的名字。但是一般情况下不要让孩子直呼名字。

2～3岁宝宝
语言能力训练

复述故事：让孩子听并模仿妈妈讲的故事，逐步过渡到提问题让他完整地回答，再让孩子按照问题的顺序练习讲述。

背诵唐诗：有韵律的儿歌也可以，一首一首给予引导地背诵，在孩子身心愉悦的时候反复练习，要经常给予鼓励。

宝宝认知能力的训练

1~3个月龄宝宝
认知能力训练

视力集中：在婴儿床上方吊他感兴趣的玩具，逗他观看，每次几分钟每天数次，并时常更换保持兴趣。

视力定向：让宝宝的视线跟随物品移动。

视线转移：吸引宝宝的视线在两个地方转移。

4~6个月龄宝宝
认知能力训练

触摸：放玩具在宝宝身边，让他自己伸手去摸。

寻找失落玩具：将带声响的玩具在宝宝面前丢下，他的视线会追随玩具的轨迹。

认生训练：宝宝会特别亲近母亲导致认生，因此要早早地让宝宝多接触人群。

7~9个月龄宝宝
认知能力训练

寻找小物：将小彩豆放进透明的玻璃瓶，宝宝会观看东西是否在瓶内，把小瓶放入纸箱，宝宝会从纸箱中拿出瓶子继续判断彩豆在瓶内，以培养他得到物质永久性的概念。

识图：给宝宝指认各种识物和识字卡片。

10~12个月龄宝宝
认知能力训练

指认物品：教宝宝家里物品、五官的名称，并让他自己找到物品，比如告诉他"冰箱"，宝宝记住后，问他冰箱在哪，他就会去指冰箱。

1的意识：竖起食指告诉宝宝一岁了，给宝宝吃东西的时候给他一块并告诉他这是一块。

模仿动作：教宝宝简单的动作，比如搅奶糊、自己拿瓶子喝水等。

1~2岁宝宝
认知能力训练

辨认颜色：慢慢教孩子辨认颜色，一种种教，免得混淆。

辨认大小和多少：拿宝宝喜欢的物品教他辨认大小和多少之分。

翻书找画：经过指认图书的教育，宝宝能够听名词找到书中对应的插画，教会他从前往后翻书。

2~3岁宝宝
认知能力训练

认识性别：从家人开始教宝宝明白性别的概念，可以从头发、服饰等入手。

练习画画：教宝宝画直线、圆圈、三角形等简单的图形。

认职业：教宝宝一些常见的职业，如老师、医生、护士、快递员、司机，告诉他他们在哪里做什么样的工作、有什么特点。

知道该怎么办：教宝宝明白口渴应该喝水、饿了要吃东西、困了要睡觉、饼干没有了要出去买等概念。

宝宝情绪和社交能力的训练

1~3个月龄宝宝
情绪和社交能力训练

辨别宝宝哭声：善于辨别宝宝不同的需求，并及时给予回应，多抱多安抚。

碰头：多和宝宝碰碰头，并用温柔的眼神注视他。

引逗发声：和蔼微笑着和宝宝说话，引宝宝发声，并对他的声音进行模仿。

4~6个月龄宝宝
情绪和社交能力训练

藏猫猫游戏：多和宝宝玩"藏猫猫"，当他找到大人时给予鼓励，宝宝喜欢逗大人玩，直到2岁兴趣仍不减。

照镜子：让宝宝拍打镜子，对着镜子里的宝宝叫名字，并拿他的小手指他自己的身体部位。

7~9个月龄宝宝
情绪和社交能力训练

再见与欢迎：教宝宝做再见的挥手动作以及拍手的欢迎动作。

注视大人动作：经常在宝宝面前做事，并给予诱导性的话语，如"爸爸穿鞋子出门啦""妈妈喝点水"等等。

10~12个月龄宝宝
情绪和社交能力训练

用动作表达愿望：教他会用点头表示同意，用摇头表示不同意。每次给宝宝食物或者玩具时，先让他点头表示同意再给他。

独自玩：在视线范围内，为宝宝准备他喜欢的玩具让他独自玩一会儿。

1~2岁宝宝
情绪和社交能力训练

分享食物和玩具：经常给他讲讲有关分享的故事，多给他一些食物，让他分给家人或者小朋友。

学做家务：培养宝宝自己做一些简单的事，如拿拖鞋、放书、搬凳子等等。

2~3岁宝宝
情绪和社交能力训练

打招呼：教他如何称呼不同年纪的人，示范早上晚上的问候语，离家说再见，接受东西说谢谢。

广交朋友：多带他去小区玩，鼓励他与小朋友交往，教他做个不打人、不咬人、不哭闹的好宝宝。

宝宝左右脑的开发

人的左半脑和右半脑分别具有不同的功能。左半球管人右边的一切活动，掌管语言文字、逻辑分析、推理判断，强调细节，又称"知性脑"，比较偏向理性思考；右半球管人左边的一切活动，掌管想象直觉、韵律空间等感性思维，着重全貌，具空间感。又称"艺术脑"，较偏向情绪性或直觉式思考。

智力主要是由观察能力、记忆能力、思维能力、想象能力与操作能力所构成，因此与左脑右脑均有莫大的关系。专家认为，人脑在3岁前发育完成60%，在6岁前发育完成90%，但期间左右半球发育的快慢并不一样：右脑在3岁前就已发达，而左脑则要在4～5岁时才发达。孩子在小学时期也就是7岁左右，就开始以左脑为中心来学习文字和数字了，此时脑的活动开始从右脑转向左脑。如今的幼儿教育模式特别重视认知能力的培养，将左脑功能提升，使大脑两半球的发展不太均衡，因此家长要抓紧在学前开发孩子右脑，这是开发右脑的的黄金时期。

各年龄段左右脑的开发训练

0～1岁宝宝以右脑形象思维为主，有83%是通过视觉图像获得的，因此，通过良好刺激促进视觉发展，有助于孩子的右脑开发。

左脑开发： 每天抽20分钟"母子共读"，让宝宝听读儿歌和故事，这些语言信息会在他脑海中留下印象，为日后的语言发展打好基础。

右脑开发： 家长可在宝宝面前先把东西藏起来，再让他去找。捉迷藏是开发右脑最立竿见影的游戏。同时，还可以用"音乐浴"熏陶孩子，培养他的听觉和对音乐的敏感度。

1～3岁宝宝语言逻辑能力迅速提升，左脑作用显现，右脑也处于活跃期，开始用画表现看到的东西，逐渐能判断多少和分辨方位。

左脑开发： 可利用益智图卡教宝宝看图识字，教他分类、排序，锻炼逻辑思维；提问孩子时可多出现名称、动态等词汇，培养语言思维。

右脑开发： 鼓励宝宝绘画及多用左半身，如用左手拿东西、用左耳听音乐、增加左视野游戏等；并用和谐悠扬的乐曲激发右脑；用右脑记忆法训练记忆，培养图形认知。

3～6岁宝宝左脑有了更好的发挥，词类范围扩大，能说较复杂的句子，数学逻辑能力提升；右脑形象思维及创造性思维起作用，语言中有明显感情色彩，对音乐敏感，手能做出更多精细动作。

左脑开发： 这个时期适合培养孩子的独立阅读的能力，家长可以一面教他背成语，一面锻炼他用自己的语言讲故事；同时加强他对数字的应用能力。

右脑开发： 多带孩子到大自然去拓展宝宝视野，培养宝宝的观察能力；有意识地训练宝宝的左手左脚，如左手写字、左脚踢毽子等；鼓励孩子唱歌、跳舞、学乐器。

常见的健脑益智食物

黄豆

健脑益智营养成分： 蛋白质、卵磷脂、必需氨基酸。

功效 黄豆富含谷氨酸，而谷氨酸是大脑活动的物质基础，是人类智力活动不可缺少的重要营养物质，所以多食用黄豆对于儿童的大脑发育很有益处。它还富含蛋白质、铁、镁、钼、锰、铜、锌、硒等，以及人体中必需氨基酸、卵磷脂、可溶性纤维和微量胆碱等营养素，具有健脾、益气、宽中、润燥、补血、降低胆固醇、利水、利肠、抗癌之功效。

鹌鹑蛋

健脑益智营养成分： 蛋白质、磷脂、多种维生素、钙。

功效 鹌鹑蛋富含蛋白质，蛋白质对于生命活动是非常重要的物质，对于大脑的发育起着举足轻重的作用；鹌鹑蛋中的磷脂的含量比同等重量的鸡蛋含量高 3~4 倍，其中丰富的卵磷脂和脑磷脂是高级神经活动不可缺少的营养物质，有助于大脑的发育。而且鹌鹑蛋的营养分子比较小，比鸡蛋更容易被人体消化吸收。

燕麦

健脑益智营养成分： 亚油酸、必需氨基酸、维生素 E。

功效 燕麦中的维生素 E 具有抗氧化功能，可预防血中氧化脂质的形成，使脑部血管常保血液流畅，可让大脑流畅、清醒。燕麦中所含有的人体必需氨基酸能满足机体的需要，经常食用有利于儿童的脑部发育。

三文鱼

健脑益智营养成分： 色氨酸、谷氨酸、ω-不饱和脂肪酸。

功效 所含的色氨酸可调节神经兴奋、睡眠时间、收缩血管止血；谷氨酸能兴奋中枢神经，对儿童的大脑、神经发育和维持脑细胞功能有重要作用；ω-不饱和脂肪酸有助于小儿智力发育、提高记忆力、改善视力等。

核桃

健脑益智营养成分： 蛋白质、不饱和脂肪酸、钙、锌。

功效 含丰富的磷脂和赖氨酸，能更有效补充脑部营养、健脑益智、增强记忆力。所含的亚油酸和维生素 E，还可提高脑细胞的生长速度，非常适合正处于生长发育期的儿童食用。

虾

健脑益智营养成分： 维生素 A、锌、蛋白质。

功效 虾可温补脾胃、改善食欲，且含有优质蛋白质及多种维生素、矿物质，儿童经常吃虾，可促进大脑和神经系统发育、提高智力和学习能力，还有助于补充钙质，促进骨骼生长发育。

DIY 健脑益智营养食谱

难易度：★★☆
烹饪时间：21分钟
烹饪方法：煮

黑米黄豆豆浆

原料： 水发黄豆50克，黑米10克，葡萄干、枸杞、黑芝麻各少许

制作方法

1.将黑米倒入碗中，放入已浸泡8小时的黄豆，注入适量清水，用手搓洗干净。

2.把洗好的食材倒入滤网沥干水分，将备好的所有材料倒入豆浆机中，注入清水至水位线。

3.盖上豆浆机机头，选择"五谷"程序，开始打浆。待豆浆机运转约20分钟，即成豆浆。

营养分析

多食黄豆能为宝宝大脑发育补充谷氨酸，对智力发育很有益处，同时葡萄干含有葡萄糖和多种矿物质、维生素，具有补肝肾功效。

难易度：★★☆
烹饪时间：1分30秒
烹饪方法：煮

鹌鹑蛋牛奶

原料： 熟鹌鹑蛋100克，牛奶80毫升，白糖5克

制作方法

1.熟鹌鹑蛋对半切开备用，砂锅中注入适量清水烧开，倒入牛奶，放入鹌鹑蛋，搅拌片刻。

2.加盖，烧开后用小火煮约1分钟，揭盖，加入少许白糖，搅匀煮至溶化。

3.关火后盛出煮好的汤料，装入碗中，待稍微放凉即可食用。

营养分析

鹌鹑蛋含有蛋白质、卵磷脂、维生素、铁等营养成分，让宝宝强身健脑。

难易度：★☆☆
烹饪时间：21分30秒
烹饪方法：煮

南瓜燕麦粥

原料： 南瓜190克，燕麦90克，水发大米150克
调料： 白糖20克，食用油适量

制作方法

1. 将装好盘的南瓜放入烧开的蒸锅，加盖，中火蒸10分钟至熟。
2. 揭盖，把蒸熟的南瓜取出，用刀将南瓜压碎，剁成泥状备用。
3. 砂锅注水烧开，倒入适量水发好的大米拌匀，加少许食用油搅匀，加盖慢火煲20分钟至熟烂。
4. 放入备好的南瓜搅拌匀，加盖大火煮沸。
5. 揭盖，加入适量白糖，搅匀煮至融化，将煮好的粥盛出，装入碗中即成。

营养分析

燕麦中所含有的人体必需氨基酸能满足机体的需要，经常食用有利于宝宝的脑部发育。常食南瓜，能壮骨强筋，为宝宝增高助长。

难易度：★☆☆
烹饪时间：42分钟
烹饪方法：煮

核桃仁粥

原料： 核桃仁10克，大米350克

制作方法

1. 将核桃仁切碎，备用。
2. 砂锅中注入适量清水烧热，倒入洗好的大米搅拌均匀。
3. 盖上盖，用大火煮开后转小火煮40分钟至大米熟软。
4. 揭盖，倒入切碎的核桃仁，拌匀，略煮片刻。
5. 关火后盛出煮好的粥，装入碗中。
6. 待稍微放凉后即可食用。

营养分析

核桃仁含有蛋白质、不饱和脂肪酸、钙、镁等营养成分，能让宝宝益智健脑，保护宝宝肝脏。

难易度：★★☆　　烹饪时间：10分钟

烹饪方法：煮

虾仁豆腐羹

原料： 豆腐200克，虾仁50克，鸡蛋50克，水发香菇15克，葱花2克，干淀粉8克

调料： 料酒8毫升，盐2克，芝麻油、胡椒粉各适量

制作方法

1.备好的豆腐洗净切成条，再切小块，虾仁从背上切开剔去虾线，切碎剁泥。

2.泡发好的香菇切成丝再切碎，准备好一个大碗，倒入豆腐、香菇、虾泥，搅拌豆腐至碎。

3.将鸡蛋敲入碗中搅拌均匀，再放入料酒、胡椒粉、盐，搅拌片刻至入味，倒入干淀粉，快速搅拌均匀。

4.将拌好的材料倒入盘中铺平，电蒸锅注水烧开，放入豆腐羹。

5.盖上盖，调转旋钮定时10分钟，待10分钟后掀开锅盖，取出豆腐羹。

6.将芝麻油淋在豆腐羹上，撒上葱花即可。

营养分析

虾营养极为丰富，蛋白质含量是鱼、蛋、奶的几倍到几十倍，且肉质松软，易消化。含有的丰富维生素D可提高机体对钙、磷等微量元素的吸收，特别对正在生长发育的宝宝很适宜。豆腐的蛋白质含量丰富，具有很高的营养价值和食疗保健功效。

POINT： 豆腐不要拌得太碎，大块儿一点能够利于宝宝的咀嚼能力，口感也更好，宝宝更爱吃。

三文鱼所含营养物质有助于宝宝智力发育、提高记忆力、改善视力等。西红柿含有多种营养成分，具有开胃消食、清热解毒等功效。

难易度：★☆☆　　烹饪时间：11分钟

烹饪方法：煮

三文鱼蔬菜汤

原料： 三文鱼70克，西红柿85克，口蘑35克，芦笋90克

调料： 盐、鸡粉、胡椒粉各适量

制作方法

1. 洗净的芦笋切成小段备用，洗好的口蘑切成薄片。

2. 洗净的西红柿切小瓣去除表皮。

3. 处理好的三文鱼切成条形，改切成丁，备用。

4. 锅中注入适量清水烧开，倒入切好的三文鱼搅拌均匀。

5. 煮至变色，放入切好的芦笋、口蘑、西红柿搅拌匀。

6. 烧开后用大火煮约10分钟至熟。

7. 加入少许盐、鸡粉、胡椒粉，搅匀调味。

8. 关火后盛出煮好的鱼汤，装入碗中即可。

POINT： 可用鸡肉高汤代替汤水，煮出来味道更好；同时加入一些新鲜猪肉切成的肉丁，味道更鲜美，营养也更丰富，宝宝更爱喝；芦笋要选择最嫩的部位做给宝宝吃；胡椒粉要少量，以免辣到孩子。

难易度：★ ☆ ☆
烹饪时间：2分30秒
烹饪方法：煎

香煎三文鱼

材料： 三文鱼180克，葱条、姜丝各少许
调料： 盐2克，生抽4毫升，鸡粉、白糖各少许，料酒、食用油各适量

制作方法

1. 将洗净的三文鱼装入碗中，加入适量生抽、盐、鸡粉、白糖。

2. 放入姜丝、葱条，倒入少许料酒抓匀，腌渍15分钟至入味。

3. 炒锅中注入适量食用油烧热，放入三文鱼，煎约1分钟至散出香味。

4. 翻动鱼块，煎至金黄色，把煎好的三文鱼盛出，装入盘中即可。

营养分析

三文鱼含丰富的蛋白质、维生素A及钙、铁、锌等人体必需的营养元素，有预防视力减退的功效，可以促进幼儿身体发育。

难易度：★ ☆ ☆
烹饪时间：5分30秒
烹饪方法：蒸

鲜菇蒸虾盏

原料： 鲜香菇70克，虾仁60克，香菜叶少许
调料： 盐3克，鸡粉2克，胡椒粉少许，生粉12克，黑芝麻油4毫升，水淀粉、食用油各适量

制作方法

1. 用牙签刺穿洗净的虾仁背部，挑去虾线，再压碎，剁成虾泥放入碗中，加入适量盐、鸡粉拌匀至入味，撒上少许胡椒粉，淋入适量水淀粉，搅拌至起劲，制成虾胶，待用。

2. 香菜叶洗净待用，锅中注水烧开，放少许盐，倒入香菇，煮至断生，捞出装盘，撒上生粉。

3. 香菇上放少许虾胶抹匀，摆上香菜叶，制成虾盏，放入蒸锅中大火蒸熟即可。

营养分析

本菜除了能够健脑益智，味道鲜美的香菇还能促进人体新陈代谢，提高机体适应力。儿童食用香菇，能提高食欲、促进消化。

难易度：★☆☆
烹饪时间：1分30秒
烹饪方法：炒

韭菜炒鹌鹑蛋

原料： 韭菜100克，熟鹌鹑蛋135克，彩椒30克
调料： 盐、鸡粉各2克，食用油适量

制作方法

1. 将洗好的彩椒去籽，并切细丝；洗净的韭菜切段。

2. 锅中注适量清水烧开，放入鹌鹑蛋略煮，捞出沥干水分，放凉待用。

3. 用油起锅，倒入彩椒炒匀、倒入韭菜梗炒匀、放入鹌鹑蛋炒匀、倒入韭菜叶炒软。

4. 加入盐、鸡粉，炒至入味即可。

5. 关火后盛出炒好的菜肴即可。

营养分析

韭菜含有蛋白质、挥发油、硫化物、糖类、膳食纤维、维生素C等营养成分，具有健胃、提神、止汗、固涩等功效。

难易度：★☆☆
烹饪方法：煮
烹饪时间：5分钟

核桃虾仁汤

原料： 虾仁95克，核桃仁80克，姜片少许
调料： 盐、鸡粉各2克，胡椒粉3克，料酒5毫升，食用油适量

制作方法

1. 锅置于火上，注入适量食用油，放入姜片，爆香，倒入虾仁，淋入料酒炒香。

2. 注入适量清水，加盖，煮约2分钟至沸腾。

3. 放入核桃仁，加入盐、鸡粉、白胡椒粉拌匀，煮约2分钟至沸腾。

4. 关火后盛出煮好的汤，装入碗中即可。

营养分析

核桃含有蛋白质、不饱和脂肪酸、维生素E、钙、镁、硒等营养成分，具有益智健脑、健胃、补血、润肺、安神等功效。

PART ⑩

2. 食材巧搭保健康 明目食谱

宝宝出生后到幼儿期间，眼睛及视觉是以渐进的方式持续发育的，从宝宝出生开始一直到六岁，是视力发育的黄金时期，通常宝宝的视力到6岁才能达到成人的水平。6岁前的许多眼睛疾病，都可以矫正并恢复到原来的状态，同时，很多眼睛疾病都容易在此时段产生，因此在宝宝0~6岁的阶段，应该多注意宝宝眼睛的发展状态，视力保健从小做起。

宝宝视力的发育过程

新生儿期

刚出生时，宝宝能够聚焦看清楚的距离只有20~38厘米，刚好是抱着他的人的脸的距离。超过这个距离，宝宝只能够感知光亮、形状和运动的物体，但还非常模糊。如用手电光突然照新生儿的眼睛，他会皱眉、闭眼、如果在睡眠状态，光刺激可使他扭动身体，甚至觉醒。在这个时候，家长的脸理所当然是宝宝最感兴趣的东西，其次是黑白格棋盘等强烈对比的图案。

4~8周

到2个月左右，宝宝视觉集中现象明显，能持续地聚焦双眼，可用眼睛追随一个移动的目标。同时有保护性瞬目反射，即如有物体突然出现在眼前，他会闭目躲避。这个时期的宝宝视力大概为0.01。

2~3个月

宝宝一出生就能看到颜色，但他很难分辨像红色和橙色这样相近的色调，所以宝宝比较喜欢黑白分明或对比明显的图案。2到3个月时，大脑不断学习分辨颜色，他可能会开始表现出更偏爱鲜艳的基本颜色（也叫基色、原色，指红、黄、蓝三色）和更细致复杂的图案。同时继续完善用目光追踪物体的能力，视力大概为0.01~0.05。

4~5个月

可识别物体的形状、颜色及认识母亲，宝宝开始发展深度视觉（深度知觉）了。在此之前，确定物体的位置、大小和形状，然后再从大脑得到指令、伸出手去抓东西的过程，对宝宝来说还有难度。到4个月左右时，孩子开始用手摸东西，说明有一定的注视方向感，视力大概为0.02~0.05。

1岁~1岁半

在外界光线刺激下，视力逐渐发展，能够辨别物体大小、形状，视力大概为0.2~0.3。

2岁

这个时期孩子的视力发育最为迅速，视力大概为0.5~0.6。

3~4岁

视力可达0.7~0.8，从4岁开始最好定期给孩子检查视力。

5~6岁

6岁宝宝的视力发育趋向完善，视力大多能达到1.0。

宝宝眼睛的常见疾病

睫毛倒插

表现：宝宝用小手揉眼睛是最常见的表现。他们时常觉得眼内有异物，感觉不舒服，但爸妈给他检查之后，发现其中并无异物。

正常来说，睫毛的生长应该是往外长的，然而，有些宝宝的睫毛是会向内长的，这种情况体重较胖的宝宝尤多。这些向内长的睫毛偶尔会贴住黑眼珠的角膜，从而对角膜形成了刺激，时间一长，就容易使宝宝感到不舒服而泪眼汪汪，或经常地揉眼睛了，严重者甚至会损伤角膜。如果爸妈发现宝宝有明显的倒睫现象，记得去看医生。

斗鸡眼

表现：一些宝宝在出生以后，由于眼睛内侧眼白比外侧眼白少，爸妈会发现宝宝在看东西的时候，两只眼睛看上去比正常眼位更靠近鼻子，让人担心不已。

这是宝宝还未发育完全的表现。这种情况通常会随着年纪的增长、身体的发育而逐步得到改善，而眼外的肌肉也会因为得到锻炼而变得较对称、一致了。

如果宝宝出生很长一段时间以来，眼睛有较为明显、严重的斜视、眼位不正的症状，或眼球的外观以及眼皮有明显的异常等，就需要及时带宝宝去医院进行相关的检查。

**先天性
鼻泪管阻塞**

表现：一般来说，宝宝在满7个月后才会出现真正意义上的"流眼泪"，如果还没够7个月，而宝宝的眼睛看上去整日泪水涟涟，且非分泌物较多，则有可能患有先天性鼻泪管阻塞问题了。

有些宝宝会存在这种情况是因为他出生时赫氏瓣膜没打开，泪水就会被堵住而无法排出。这样，也就会造成溢泪现象，严重时会引发眼部炎症。

如果宝宝不哭时也有眼泪，或者两只眼睛总是泪水汪汪，特别是一只眼睛有眼泪一只眼睛没有眼泪的情况，那就表明宝宝眼部有异常了，应该带宝宝去医院检查。

以下情况可能提示宝宝眼病

（1）不能注视眼前物体或不会追随灯光转动眼球：提示小儿双眼视力极差，甚至黑蒙。当遮盖一眼时小儿无反应，而遮盖另一眼时可引起小儿烦躁、哭闹，说明有单眼视力障碍或弱视。

（2）两眼相互位置不正常，如斗鸡眼（内斜视）、外斜视、上斜视等。眼球不自主晃动，医学上称为眼球震颤。

（3）畏光：先天性青光眼、内翻倒睫、角膜炎症及上斜视等多种眼病都会怕光刺激。

（4）流泪、眼屎多：可能有结膜炎、内翻倒睫、先天性鼻泪管闭塞等疾病。

（5）红眼：可因结膜炎、角膜炎等引起。

宝宝眼部护理的方法

少看电视

1 2岁以内的宝宝最好不要看电视，2岁以上的宝宝每天看电视的时间总长度不宜超过半个小时。

避免尖锐物品

2 家长要重视尖锐物品对宝宝眼睛所产生的安全隐患，包括牙签、餐具、桌角等，当然也包括洗衣液等化学制剂，避免宝宝眼睛受伤。

勤洗手

3 预防许多病原体对宝宝眼睛造成的伤害，包括红眼病等，远离细菌滋扰。

眼内有异物

4 千万不要过于慌乱，可根据异物的种类分别对待。比方说，异物是小飞虫，家长只要用手轻捏住宝宝眼皮轻轻向上提起，吹一口气，以刺激眼睛分泌泪水，以便将虫子冲出；如果是细小沙粒，家长可轻轻扒开宝宝眼皮，用湿棉签将沙粒粘出；如果家长未看到有任何异物，但宝宝仍觉得眼部不适的话，建议立即带宝宝到医院进行进一步检查。

减少强光刺激

5 强光源通常包括太阳光、电焊光、浴霸灯光等。建议家长在外出时，让宝宝戴一顶遮阳帽或者临时用纱巾给宝宝遮一下，避免强光刺激到宝宝的眼睛。

避免蓝光，降低病变

6 蓝光是宝宝眼睛的隐形杀手之一，因为它是一种肉眼无法分辨的光谱。暴露于过度的蓝光下会使眼睛受伤，特别是会引起黄斑部病变。很多人都知道紫外线会损害眼睛，但紫外线伤害的只有角膜和水晶体，因为紫外线不能穿透这两者进行深入的危害，但蓝光却能够穿透水晶体，直达黄斑部。

宝宝眼部护理的注意事项

① 把玩具悬挂在围栏的周围，并经常更换玩具的位置和方向。另外，用玩具逗宝宝，也不要把玩具放在离眼睛太近的地方。

② 不要长期固定一个位置喂奶，宝宝往往窥视固定的灯光，喂奶时最好不要长期躺着或一个姿势喂奶，容易造成斜视。

③ 在宝宝睡眠时或抱着宝宝外出时，不要随意遮盖他的眼睛。如果阳光太强，可以临时用纱巾遮盖一下避免强光刺激宝宝的眼睛。宝宝晚上睡觉时，一般可以不开灯。如要开灯，灯光亦不能太强，要把灯罩起来，或者光线从地上射出，免得灯光刺激眼睛。

④ 对于1岁以内的宝宝，爸妈不要拿任何带锐角的玩具给他玩，预防眼外伤。

常见的明目食物

胡萝卜

保健视力营养成分： 胡萝卜素、维生素。

功效 胡萝卜富含胡萝卜素，这种胡萝卜素的分子结构相当于 2 个分子的维生素 A，有补肝明目的作用，对于预防和治疗夜盲症有很好的疗效，非常适合儿童常食。

同时，胡萝卜质脆味美，营养丰富，素有"小人参"之称，它有健脾和胃、补肝明目、清热解毒、降气止咳等功效，对于肠胃不适、便秘、夜盲症、小儿营养不良等症状有食疗作用。

猪肝

保健视力营养成分： 维生素 A、铁、蛋白质、维生素 B。

功效 猪肝中含有丰富的维生素 A，具有维持上皮细胞的正常结构及生理功能的作用，还能保护眼睛，维持正常视力，有效防止眼睛干涩、疲劳。

同时，猪肝含有丰富的铁元素，有补血的效果；猪肝中还有一般肉类不含的维生素 C 和微量元素硒，不仅有利于保护视力，还能增强人体的免疫力、抗氧化、防衰老等。

生蚝

保健视力营养成分： 维生素 A、维生素 B、牛磺酸、钙、锌。

功效 生蚝中维生素 A、钙、锌、硒的含量很高，常吃有利于保护儿童视力。还含维生素 B 和牛磺酸，维生素 B 可以缓解眼睛疲劳和利于眼角膜的健康，而牛磺酸对于胎儿的视网膜和视觉感受器的发育有促进作用。

枸杞

保健视力营养成分： 胡萝卜素，维生素 A、B_1、B_2、C，钙、铁。

功效 枸杞富含丰富的胡萝卜素、多种维生素和钙、铁等健康眼睛的必需营养物质，有明目之功，俗称"明眼子"。它常用来治疗视物昏花和夜盲症，平时可以泡水饮用，还能滋肝润肺和促进肠胃蠕动。

樱桃

保健视力营养成分： 维生素 A、铁元素、胡萝卜素。

功效 樱桃富含维生素 A，每 100 克樱桃中维生素 A 的含量要比葡萄、苹果高 4~5 倍，常食用樱桃可以有效保护视力。樱桃的含铁量是水果之首，常食既可防治缺铁性贫血，又可增强体质、健脑益智。

桑葚

保健视力营养成分： 维生素 A、维生素 B、胡萝卜素、花青素。

功效 桑葚含维生素 A、维生素 B 和胡萝卜素，是护眼明目的好水果。同时还含花青素，对眼睛非常有益处，可以保护视网膜、缓解眼部疲劳，辅助解决很多眼部问题。它也是日常常见水果之一，可以常食用。

DIY 护眼食谱

难易度: ★★☆
烹饪时间: 62分钟
烹饪方法: 蒸

胡萝丝蒸小米饭

原料: 水发小米150克,去皮胡萝卜100克
调料: 生抽适量

制作方法

1.洗净的胡萝卜切片,再切丝;取一碗,加入洗好的小米,倒入适量清水待用。

2.蒸锅中注入适量清水烧开,放上小米,加盖,中火蒸40分钟至熟。

3.揭盖,放上胡萝卜丝,加盖,续蒸20分钟至熟透。关火后取出蒸好的小米饭加上少许生抽即可。

营养分析

胡萝卜含有胡萝卜素等营养成分,为宝宝补肝明目,而且对于预防和治疗夜盲症有很好的疗效,非常适合宝宝常食。

黄瓜炒猪肝

难易度: ★★★
烹饪时间: 2分钟
烹饪方法: 炒

原料: 猪肝80克,黄瓜100克,胡萝卜片、姜片、蒜片、葱白各少许
调料: 盐4克,白糖2克,水淀粉15毫升,蚝油、料酒、芝麻油、食用油各适量

制作方法

1.黄瓜、猪肝切片,猪肝装入碗中,加盐、白糖、料酒、水淀粉拌匀,腌渍入味。

2.用油起锅,倒入姜片、蒜片、葱白,爆炒出香味。

3.放入猪肝,拌炒匀,倒入黄瓜片翻炒,放入胡萝卜片,加盐、白糖、蚝油调味。

4.加水淀粉勾芡,淋入少许芝麻油拌炒均匀,盛出装碗即成。

营养分析

猪肝具有维持上皮细胞的正常结构及生理功能,还能保护眼睛,维持正常视力,更能增强宝宝的免疫力。

难易度：★☆☆

烹饪时间：6分钟

烹饪方法：煮

樱桃豆腐

材料： 樱桃130克，豆腐270克
材料： 盐2克，白糖4克，鸡粉2克，陈醋10毫升，
水淀粉6毫升，食用油适量

制作方法

1. 洗好的豆腐切小方块备用。

2. 煎锅上火烧油，倒入豆腐，用小火煎出香味，翻转豆腐，煎至两面金黄色，关火后盛出待用。

3. 锅底留油烧热，注入少许清水，放入洗好的樱桃，加入盐、白糖、鸡粉、陈醋，拌匀用大火煮沸，倒入豆腐煮至入味。

4. 用水淀粉勾芡，关火后盛出炒好的菜肴即可。

营养分析

樱桃除了对宝宝眼睛有好处，其含有的蛋白质、花青素等营养成分，还具有益气、健脾、和胃、祛风湿等功效。

难易度：★☆☆

烹饪时间：21分钟

烹饪方法：煮

明目枸杞猪肝汤

材料： 石斛20克，菊花10克，枸杞10克，猪肝
200克，姜片少许
材料： 盐2克，鸡粉2克

制作方法

1. 猪肝切成片备用，洗净的石斛、菊花装入隔渣袋中，收紧袋口。

2. 锅中注入适量清水烧开，倒入切好的猪肝，氽去血水捞出待用。

3. 砂锅中注水烧开，放入装有药材的隔渣袋，倒入氽过水的猪肝，放入姜片、枸杞拌匀。

4. 加盖，烧开后用小火煮至食材熟透，揭盖，放入盐、鸡粉，拌匀调味，拿出隔渣袋即可。

营养分析

枸杞有滋肝补肾、保健眼睛的作用，石斛养阴益胃，对长大后还流口水的孩子有一定食疗作用。

难易度：★★★
烹饪时间：6分钟
烹饪方法：煮

南瓜鸡蛋面

原料： 切面300克，鸡蛋1个，紫菜10克，海米15克，小白菜25克，南瓜70克

调料： 盐、鸡粉各适量

制作方法

1.将南瓜切成薄片备用，锅中注入适量清水烧开，倒入海米、紫菜、南瓜片，用大火煮至断生，放入面条，拌匀，再煮至沸腾。

2.加入适量盐、鸡粉，放入洗净的小白菜，拌匀，煮至变软，捞出食材，放入汤碗中待用。

3.将锅中留下的面汤煮沸，打入鸡蛋，用中小火煮至成形，盛出摆放在碗中即可。

营养分析

南瓜富含β胡萝卜素，能增强眼睛在昏暗环境下的视野清晰度，延迟视网膜色素变性所引发的视网膜功能下降。

难易度：★★★
烹饪时间：3分钟
烹饪方法：煮

生蚝豆腐汤

原料： 豆腐200克，生蚝肉120克，鲜香菇40克，姜片、葱花各少许

调料： 盐、鸡粉、胡椒粉、食用油各适量、料酒4毫升

制作方法

1.将香菇切粗丝，豆腐切小方块。

2.水烧开，加盐，放入豆腐块，煮去酸味，捞出待用，再倒入洗好的生蚝肉，煮断生，捞出待用。

3.油锅放入姜片用大火爆香，再倒入香菇丝翻炒匀，放生蚝肉翻炒，淋入料酒炒香，注水至沸腾。

4.倒入豆腐块，加入盐、鸡粉、胡椒粉，续煮片刻至全部食材入味，撒上葱花即成。

营养分析

常吃生蚝有利于保护儿童视力。其含有的维生素 B 可以缓解眼睛疲劳和利于眼角膜的健康；牛磺酸有利于胎儿的视网膜发育。

难易度：★★★
烹饪时间：32分钟
烹饪方法：煮

菊花枸杞瘦肉粥

原料： 菊花5克，枸杞10克，猪瘦肉100克，水发大米120克

调料： 盐3克，鸡粉3克，胡椒粉少许，水淀粉5毫升，食用油适量

制作方法

1.猪瘦肉切片装碗，放少许盐、鸡粉、适量水淀粉拌匀，加入少许食用油，腌渍10分钟。

2.砂锅中注水烧开，倒入洗净的大米搅散，加入洗净的菊花、枸杞拌匀。

3.加盖用小火煮30分钟至熟透，揭盖，倒入瘦肉片拌匀，煮1分钟至熟透，放盐、鸡粉拌匀调味。

4.关火后盛出煮好的瘦肉粥，装入汤碗中即可

营养分析

枸杞子有明目之功，俗称"明眼子"，常用来治疗视物昏花和夜盲症，平时也可以给宝宝泡水饮用。

难易度：★★☆
烹饪时间：2分钟
烹饪方法：煮

桑葚黑芝麻糊

原料： 桑葚干7克，水发大米100克，黑芝麻40克

调料：白糖20克

制作方法

1.取榨汁机，选择"干磨刀座"组合，选择"干磨"功能，将黑芝麻磨成粉备用。

2.选择"搅拌刀座"组合，将大米、桑葚干倒入量杯中，加水，盖上盖子，选择"榨汁"功能榨成汁。

3.倒入黑芝麻粉，盖上盖，继续搅拌均匀。

4.将混合好的米浆倒入砂锅中拌匀，加入适量白糖搅拌均匀，煮成糊状。

5.关火后将煮好的芝麻糊盛出，装入碗中即可。

营养分析

桑葚是护眼明目的好水果，同时还含花青素，对眼睛非常有益处，可以保护视网膜、缓解眼部疲劳，辅助解决很多眼部问题。

3. 食材巧搭保健康 健齿食谱

　　牙齿是人体重要器官之一，具有咀嚼、发音、表情等功能，健康的牙齿直接关系到全身的发育。儿童时期是生长发育的旺盛期，健康的乳牙有助于消化和营养的吸收，有利于全身的生长发育。正常乳牙发挥良好的咀嚼功能，能给颌骨以良好的功能刺激，有助于颌骨的正常发育。健康的牙齿还能帮助宝宝准确地发音，一口美丽漂亮的牙齿更能让宝贝自信阳光，因此保护好牙齿对宝宝们来说至关重要。

爱护牙齿的小知识

　　帮助宝宝改正吸手指、吐舌、咬唇、偏侧咀嚼的坏习惯，这些习惯都会在某种程度上对牙齿的发育造成影响，比如发育不对称、牙周病等等。

　　鼓励宝宝养成早晚刷牙、饭后漱口的好习惯，能够及时清除残留的细菌。

　　少吃甜食和粘食，尤其是睡前不能吃甜食，不仅影响牙齿，还影响喉咙。

　　2岁大的孩子最好使用杯子喝水，使用奶瓶会使酸性或甜性饮品在牙齿上停留时间过长，而且孩子喜欢咬奶嘴，对牙齿健康也很不利。

　　定期为孩子做牙齿检查是非常必要的，能够极大程度地预防牙齿问题。

刷牙的方法和用具选择指南

1 何时开始刷牙

从孩子2岁开始就可以让他模仿刷牙动作，家长刷牙的时候让孩子在旁，给他用具让他熟练，为以后刷牙打基础。3~6岁，锻炼孩子自己刷牙的能力的同时，培养孩子对刷牙的兴趣，养成每晚刷牙的习惯。

2 垂直刷牙法

对牙齿损伤小，对牙龈有按摩作用，可促进牙龈的血液循环的正确刷牙方法。注意一开始就应该让孩子掌握，避免过多的拉锯式的横刷法，错误的刷牙方法不但不能清洁牙齿，还易造成牙齿脆弱。刷完牙齿记得刷刷舌苔。

3 牙刷

选择儿童专用牙刷，刷毛粗细要适中且柔软，刷头短而窄，刷柄扁而直。牙刷要定期更换，感冒过后牙刷要消毒。

4 牙膏

同样选择含氟量较低的儿童专用牙膏，薄荷味的味道太刺激而且含有薄荷添加剂，最好不用，水果味的牙膏要反复提醒孩子不要吞咽。

小儿牙齿的常见疾病

龋齿 宝宝口腔内不洁净，大量的食物残渣存留，或宝宝食物含糖量过高，就会产生大量的乳酸，破坏牙齿结构发生龋齿。通常先由牙冠开始发病，若未能及时治疗便会逐渐形成龋洞，最后使得牙冠完全破坏而消失。

防治

保持口腔清洁：宝宝要注意保持口腔内的卫生，妈妈要养成宝宝早晚刷牙、饭后漱口等良好习惯，尤其是睡前刷牙的习惯。

良好饮食习惯：妈妈要培养宝宝良好的饮食习惯，餐前洗手、饭后漱口，少吃各种零食，尤其是糖果，睡前绝对禁止宝宝吃任何东西。

保证宝宝营养均衡：宝宝营养不良，或有佝偻病、维生素D缺乏等病症也会造成宝宝牙齿缺乏钙质，被口腔内乳酸侵蚀形成龋齿。妈妈要按时为宝宝添加各种辅食，保证宝宝营养均衡。

黄牙 婴儿刚萌出的乳牙是白色，如果牙齿发黄多是由口腔内的牙菌斑引起的。牙菌斑由口腔内细菌与食物残渣混合形成，常附着于牙齿表面形成黄色或白色斑块，影响乳牙的正常生长。

防治

常漱口勤刷牙：能够有效地预防牙菌斑的产生。

及时清除牙菌斑：牙菌斑显示剂能够及时看清牙菌斑是否残存，发现之后用牙刷刷去即可。而如果宝宝牙齿已经出现脱钙状况，就需要及时治疗。

氟斑牙 氟斑牙也是宝宝牙齿经常遇到的牙齿问题之一，又因为氟斑牙造成的牙齿斑点多为黄色而被称为黄斑牙。氟斑牙主要是由于饮水中氟含量超标所引起的。

防治

注意用水：如果当地水源氟含量超标，而又没有很好的降氟措施，那么带宝宝选择健康的居住环境，以免因水源含氟量高而引起宝宝氟斑牙。

清除牙斑：如果宝宝牙齿已经出现很细微的白斑，妈妈可以用棉签沾用4%盐酸反复擦拭宝宝牙齿表面，每次持续10分钟左右，促使牙齿表层色素脱色，后再用75%氟化纳甘油涂擦牙齿，以促进牙齿釉质钙化。

贴面治疗：适用于比较严重的氟斑牙，贴面治疗宝宝牙齿之前一定要先咨询有关专家。

护牙与致龋的食物

护牙食物

芹菜

芹菜有大量的粗纤维，咀嚼时能清洗附在牙齿表面的细菌，并刺激唾液分泌，平衡口腔里的酸碱度而抗菌。

香菇

香菇除了能够烹饪美味之外，其所含的香菇多糖体可以抑制口腔中细菌制造牙菌斑，起到保健牙齿的作用。

洋葱

洋葱里的硫化合物是强有力的抗菌物，能杀灭造成龋齿的变形链球菌，新鲜的生洋葱效果最佳。

蛤蜊

蛤蜊含丰富的钙和磷，在海鲜中十分突出。而磷存在于人体所有细胞中，是构成骨骼、牙齿等的必要物质。

奶酪

奶酪能大大增加牙齿表面的含钙量和营养物质，从而抑制龋齿的发生。酪蛋白抑制牙菌斑，修复牙齿损伤。

梨子

梨子相对于其他新鲜水果能更好地中和酸，减低酸对牙齿表面的影响。除此之外还能清洗牙齿，去除牙菌斑。

致龋食物

 饮料

大部分饮料的pH值在2.2～4.9之间，酸性较强，加上蔗糖、果汁本身所含的果糖、葡萄糖，对牙齿的危害更为明显，喜欢晚上饮用酸甜饮料又不刷牙的儿童致龋的几率最高。这类饮料最好少给孩子喝。

 加工过细的食品

加工不太精细的食物，所含的脂溶性维生素和矿物质较多，进食时需要较大的咀嚼力，可促进唾液分泌，还可起到洗擦牙齿的作用，但加工过细的食物不仅没有清洗作用，还很容易粘附在牙齿表面，或残存在牙间隙内，为细菌生长繁殖提供条件，危害牙齿健康。

 甜食和粘性食物

甜食和粘性食物不仅仅是糖果或者冰淇淋，还包括一切碳水化合物的食物，因为它们经消化后最终变为单糖，比如葡萄糖和果糖。以及明显含糖的食物，如饼干、蛋糕、软饮料等。因此一定要培养孩子吃完含糖的食物后漱口的好习惯。

DIY 健齿食谱

难易度：★★☆
烹饪时间：1分钟
烹饪方法：炒

素炒香菇芹菜

原料： 西芹95克，彩椒45克，鲜香菇30克，胡萝卜片、蒜末、葱段各少许

调料： 盐、鸡粉、水淀粉、食用油各适量

制作方法

1. 将彩椒切成小块，香菇切粗丝，西芹切小段。

2. 锅中注水烧开，加入少许盐、食用油，放入切好的食材，煮约1分钟，断生后捞出待用。

3. 油锅放入蒜末、葱段爆香，倒入食材翻炒匀，加入盐、鸡粉调味，倒入水淀粉至食材入味即可。

营养分析

芹菜是粗纤维蔬菜，通过咀嚼能够起到清洗牙齿、去除牙菌斑的作用。注意小宝宝牙齿嫩，不能吃太老的芹菜。

难易度：★★★
烹饪时间：4分钟
烹饪方法：炒

香菇扒菜心

原料： 菜心300克，鲜香菇50克

调料： 盐10克，水淀粉10毫升，味精3克，白糖3克，料酒3毫升，鸡精2克，老抽3毫升，食用油、芝麻油各适量

制作方法

1. 将菜心修齐整，香菇切成小块。锅中加水烧开，加入少许食用油、盐，放入菜心，焯至断生。

2. 捞出焯好的菜心，倒入香菇拌匀，焯煮片刻去除杂质，捞出沥干水分备用。

3. 菜心加盐、味精、白糖、料酒炒匀。

4. 加水淀粉拌炒，盛盘备用，油锅炒香香菇，加料酒炒香，加蚝油、盐、鸡精、老抽调味，加水淀粉炒匀，淋入芝麻油，盛在菜心上即可。

难易度：★★☆
烹饪时间：5分钟
烹饪方法：炖

蛤蜊豆腐炖海带

原料： 蛤蜊300克，豆腐200克，水发海带100克，姜片、蒜末、葱花各少许
调料： 盐3克，鸡粉2克，料酒、生抽各4毫升，水淀粉、芝麻油、食用油各适量

制作方法

1.将豆腐切成小方块，海带切成小块。

2.水烧开加盐，放入海带、豆腐块煮半分钟待用。

3.油锅放入蒜末、姜片爆香，倒入焯过水的食材炒匀，放入料酒、生抽炒匀提味。

4.注入清水用大火煮沸，倒入洗净的蛤蜊煮熟，加入少许盐、鸡粉，加水淀粉勾芡。

5.淋少许芝麻油，炒出香味，盛盘撒葱花即成。

营养分析

蛤蜊含丰富的钙和磷，钙对宝宝的骨骼生长有着重要作用，而磷对儿童的生长发育和能量代谢都是必不可少的。

难易度：★★☆
烹饪时间：9分钟
烹饪方法：烤

香烤奶酪三明治

原料： 奶酪1片，黄奶油适量，吐司2片

制作方法

1.取一片吐司，均匀涂抹上黄奶油。

2.放上奶酪片并抹上少许黄奶油，盖上一片吐司，三明治制成。

3.备好烤盘，放上三明治，将烤盘放入烤箱中，温度调至上、下火170℃，烤5分钟至熟。

4.将烤好的三明治切成两个长方状。

5.将两个长方状三明治叠加一起，将叠好的三明治装盘即可。

营养分析

奶酪具有极高营养价值，基本上排除了牛奶中大量的水分发酵而成，有利于防止龋齿，它能大大增加牙齿表面的含钙量。

难易度：★☆☆
烹饪时间：1分30秒
烹饪方法：炒

芹菜炒蛋

材料： 芹菜梗70克，鸡蛋120克
调料： 盐2克，水淀粉、食用油各适量

制作方法

1.将洗净的芹菜梗切成丁，取来鸡蛋，打入碗中，加入少许盐、水淀粉，制成蛋液备用。

2.用油起锅，倒入切好的芹菜梗，快速翻炒片刻，至其变软，加入少许盐，翻炒一会儿，至芹菜梗入味。

3.倒入备好的蛋液，用中火略炒片刻，至全部食材熟透，关火后盛出炒好的菜肴，装入盘中即成。

营养分析

芹菜除了能够清洁牙齿，含有的甘露醇、维生素A、维生素C、维生素P、钙、铁等营养物质，还能清热除烦、凉血止血。

难易度：★★☆
烹饪时间：1分30秒
烹饪方法：炒

松子香菇

材料： 鲜香菇70克，松仁30克，姜片、葱段各少许
材料： 盐2克，鸡粉少许，米酒4毫升，生抽3毫升，水淀粉、食用油各适量

制作方法

1.把洗净的香菇切成小块，放在盘中待用。

2.热锅注油，烧至三成热，倒入洗好的松仁，轻轻搅动，滑油约半分钟，待松仁呈金黄色后捞出。

3.锅底留油烧热，下入姜片、葱段爆香，倒入切好的香菇翻炒匀，淋上少许米酒，炒匀提鲜。

4.注入适量清水，翻炒至食材熟软，加入盐、鸡粉，炒匀调味，淋上生抽、水淀粉炒匀。盛盘撒上松仁即可。

营养分析

香菇富含B族维生素、维生素D、铁、钾等营养成分，对食欲减退、少气乏力等症状有食疗作用，还可以促进人体新陈代谢。

难易度：★ ☆ ☆
烹饪时间：1分30秒
烹饪方法：炒

西红柿炒洋葱

材料： 西红柿100克，洋葱40克，蒜末、葱段各少许
调料： 盐2克，鸡粉、水淀粉、食用油各适量

制作方法

1.将西红柿切小块，洋葱切小片。

2.用油起锅，倒入蒜末爆香，放入洋葱片，快速炒出香味，倒入切好的西红柿，翻炒片刻，至其析出水分。

3.加入少许盐，翻炒匀，再放入适量鸡粉，翻炒片刻，至食材断生。

4.倒入少许水淀粉，快速翻炒一会儿，至食材熟软、入味即可。

营养分析

西红柿含有番茄红素、维生素A以及B族维生素、钙、镁、磷等营养物质，有健胃消食、生津止渴、清热解毒的作用。

难易度：★ ☆ ☆
烹饪时间：7分钟
烹饪方法：炒

蛤蜊炒丝瓜

材料： 蛤蜊200克，去皮丝瓜100克，红椒40克，葱段、蒜片各少许
调料： 盐1克，鸡粉2克，水淀粉5毫升，食用油适量

制作方法

1.丝瓜切小条，红椒切丝备用。

2.用油起锅，倒入蒜片爆香，倒入洗净的蛤蜊，翻炒数下。

3.注入少许清水，加盖，用大火煮约3分钟至蛤蜊开口，揭盖，倒入丝瓜条。

4.放入红椒丝，翻炒约1分钟，倒入葱段，翻炒数下，加入盐、鸡粉、水淀粉，翻炒后收汁装盘即可。

营养分析

蛤蜊含有铁、钙、磷、碘等多种成分，不仅护齿，还有帮助胆固醇代谢的作用。另外，蛤蜊当中的蛤素还有抗癌的作用。

4. 食材巧搭保健康 开胃消食食谱

儿童时期的孩子生长发育迅速，活泼好动，代谢旺盛，所需的能量和各种营养比成年人还多。这个阶段，如果营养摄取得不好，就会严重影响今后的生长发育状况及健康状况，保证孩子摄入均衡的营养对于他的健康成长是重中之重。良好的饮食习惯也直接关系到了营养的摄取，我国儿童存在很多营养问题，比如营养不良、营养过剩、营养失衡等，与不良饮食习惯有莫大的关系。

宝宝消化不良的原因和危害

消化不良是一种病症，表现为进食后腹部上侧间歇性或持续性的不适。宝宝身体机能尚未发育完全，其消化系统功能还不健全，肠胃系统比较脆弱，因此更容易产生消化不良的症状。

饮食不当是导致消化不良的主要原因，包括饮食过快或者过量、饮食不规律、过于偏食、吃得太杂等等。消化不良还会导致孩子体虚、磨牙、容易过敏，甚至身体发育不良。

消化不良会影响孩子发育

宝宝挑食偏食和食欲不振的防治

1 营造良好的吃饭氛围

不管是什么原因，切忌在孩子吃饭时恐吓、责骂或以其他方式惩罚孩子或者批评教育孩子，要善于营造就餐时的快乐气氛，孩子心情愉快自然乐于吃饭。

2 做好榜样

家长以身作则，不在孩子面前偏食挑食，吃饭时总要对每种食物表现出很香、很满意的神色。久之孩子就会爱上吃饭了。

3 控制点心与零食

很多孩子偏爱零食点心，等到了正餐时间不吃饭。在饥饿时不太喜欢吃的食物也会觉得味道不错，所以要严加控制零食，保持就餐规律。

4 给予期待和奖励

孩子都渴望得到奖励。例如，当孩子不爱吃蛋黄时，我们就许诺给他们买某种玩具，或者带他们到公园去玩，鼓励孩子吃下去。孩子吃了后及时表扬，并且一定兑现诺言，绝不失信。这样对于吃蛋黄，孩子也就没那么抵触了。

5 多样的进食种类

给孩子吃的食品不能过于单一。1～2岁孩子的主食中，米、面、杂粮都应该有，辅食也不能只吃蛋、肉、鱼，而忽视蔬菜、水果。孩子喜欢吃的东西也要适时，不能因为他爱吃就一直做。但并不代表可以一天之内吃很多食物，控制量即可。

205

培养宝宝良好的饮食习惯

1 思想集中
培养孩子吃饭时要专心，不要在吃饭时跟孩子谈论与吃饭无关的话题，绝对不能让他养成边看电视边吃饭的坏习惯。

2 培养饮食卫生习惯
引导孩子餐前洗手，培养清洁卫生的习惯，当他主动去做时给予鼓励，同时家长也要以身作则。

3 锻炼孩子使用餐具
让孩子自己拿杯子喝水、喝奶，自己用手拿饼干吃，训练正确的握匙姿势，为独立进餐作准备，可以用玩具演练。

4 按时进餐
宝宝一天的进餐次数、进餐时间要有规律，到该吃饭的时间，就应喂他吃饭，吃得好时就应赞扬他，如果不想吃，也不要强迫他吃。长时间坚持下去，就能养成定时进餐的习惯。

5 定位进餐
让孩子每次都坐在固定的场所和座位上吃饭，并让孩子使用自己的小碗、小勺、杯子等餐具。看到这些餐具便通过条件反射知道该吃东西了，让孩子做好生理和心理上的准备。

6 不偏食、不挑食
从5~6个月添饭菜时就要注意，给孩子吃的食品不要过于单一，宜多样化。1~2岁孩子的主食中，米、面、杂粮都应该有，辅食也不能只吃蛋、肉、鱼，而忽视蔬菜、水果。否则养成偏食、挑食的习惯，再想改就比较困难了。

7 控制吃饭时长
吃饭时长不能太长，一般需控制在30~40分钟内。可以明确地告诉孩子，这顿不吃饱，过了时间就直至下一顿才能吃，这期间除了喝水外，零食是绝对不能吃的。以此强迫他形成良好的进食习惯，绝对不能养成宝宝边吃边玩的坏习惯。

如何让宝宝爱上吃饭

1 通过活动促进孩子的食欲
一味地强迫孩子进食，反而会造成反效果，试着增加他的活动量促进食欲，孩子真正感到饿了，自然不会抗拒吃饭。

2 多花心思在菜色上做变化
保证饮食均衡的前提下，可以以多种类的食物取代单纯的米饭、面条。做漂亮的彩色的菜式，给菜式起一些可爱的名字，都会增加孩子吃饭的乐趣。

3 让孩子参与做饭的过程
一起买菜、帮忙提回家、一起清洗水果等等，甚至可询问孩子的意见，孩子不但能有参与感，同时也能因而了解做一道菜之前的每个步骤，进而更喜爱吃饭这件事。

DIY 开胃消食食谱

难易度：★★☆
烹饪时间：5分钟
烹饪方法：拌

开胃沙拉塔

原料： 白菜叶150克，去皮胡萝卜100克，柠檬汁5毫升，熟白芝麻10克，紫甘蓝120克
调料： 盐2克，白醋5毫升，蜂蜜、橄榄油各适量

制作方法

1.白菜叶、紫甘蓝、胡萝卜切成丝，焯煮片刻后放入凉水中，捞出装碗待用。

2.取一碗，倒入白醋、柠檬汁、蜂蜜、橄榄油加入盐拌匀，制成汁液。

3.将汁液倒在煮好的食材中，撒上白芝麻即可。

营养分析

醋有健胃消食的作用，可以调节宝宝食欲，改善进食情况。1岁大的宝宝就可以吃带醋的食物了，但要注意适量。

难易度：★★☆
烹饪时间：132分钟
烹饪方法：煲

消滞开胃汤

原料： 乌梅3粒，竹茹5克，麦芽15克，山楂15克，甘草15克，陈皮1片，冰糖30克

制作方法

1.砂锅中注入适量清水，倒入山楂、麦芽、陈皮、甘草、乌梅、竹茹，拌匀。

2.加盖，大火煮开转小火煮2小时至析出有效成分，揭盖加入冰糖拌匀。

3.加盖，续煮10分钟至冰糖溶化并搅拌入味。

4.关火后盛出煮好的汤，装入碗中即可。

营养分析

山楂含有胡萝卜素、碳水化合物、钙质、山楂酸、果胶、等营养成分，具有开胃消食的功效，利于宝宝增加食欲。

难易度：★★☆
烹饪时间：45分钟
烹饪方法：煮

消食山楂糙米羹

原料： 糙米30克，山楂片4克
调料： 冰糖20克，水淀粉适量

制作方法

1. 锅置旺火上，加入约1000毫升的清水，将洗好的糙米、山楂片放入锅中搅拌一会儿。
2. 盖上锅盖，水烧开后转成小火煮约40分钟至糙米熟软。
3. 揭开锅盖，向锅中倒入冰糖用锅勺轻搅片刻，继续煮约2分钟至冰糖完全溶化。
4. 把水淀粉淋入锅中，再用锅勺搅拌匀，使汤汁呈浓稠状，盛入碗中即可。

营养分析

糙米的粗纤维分子有助于胃肠蠕动，增强消化系统吸收功能，偶尔让宝宝吃吃粗粮是有好处的。山楂也能让宝宝健胃消食。

难易度：★★☆
烹饪时间：11分30秒
烹饪方法：蒸

鸡蛋羹

原料： 鸡蛋3个
调料： 盐2克，鸡粉少许

制作方法

1. 取一个蒸碗，打入鸡蛋搅散，注入适量清水，边倒边搅拌。
2. 再加入少许盐、鸡粉，拌匀，调成蛋液，待用。
3. 蒸锅上火烧开，放入蒸碗。
4. 盖上锅盖，用中火蒸约10分钟，至食材熟透。
5. 关火后揭盖，待热气散开，取出蒸好的鸡蛋羹，稍冷却后即可食用。

营养分析

鸡蛋含具有提高记忆力、健脑益智、保护肝脏等功效，鸡蛋羹口感柔软，孩子都爱吃，不管是拌米饭还是单吃，都能够激起宝宝的食欲，对于不爱吃饭的宝宝，不妨试试。